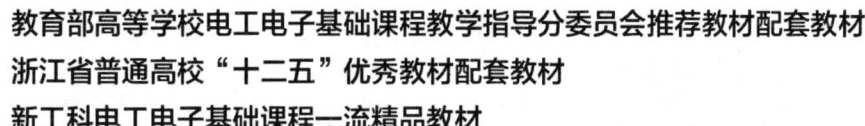 

教育部高等学校电工电子基础课程教学指导分委员会推荐教材配套教材
浙江省普通高校"十二五"优秀教材配套教材
新工科电工电子基础课程一流精品教材

电路与模拟电子技术基础习题及实验指导

（第5版）

◎ 李自勤　查丽斌　编著

电子工业出版社

Publishing House of Electronics Industry
北京·BEIJING

内 容 简 介

本书是《电路与模拟电子技术基础（第 5 版）》的配套习题集和实验教材。全书共 11 章，前 10 章主要内容包括与主教材各章对应的知识要点总结、本章重点与难点、重点分析方法与步骤、填空题和选择题、习题等；第 11 章包含 11 个典型实验，由 1 个常用仪器使用、4 个电路实验和 6 个模拟电路实验构成，只给出实验内容和实现电路，不给出具体参数，不针对具体的实验板设计，通用性较强。

本书可作为高等学校计算机、通信、自动化、电子电气等专业和部分非电专业的本科生教材，也可作为自学考试和成人教育的自学教材，还可供电子工程技术人员学习参考。

未经许可，不得以任何方式复制或抄袭本书之部分或全部内容。
版权所有，侵权必究。

图书在版编目（CIP）数据

电路与模拟电子技术基础习题及实验指导 / 李自勤，查丽斌编著． -- 5 版． -- 北京：电子工业出版社，2025. 1． -- ISBN 978-7-121-49636-3

Ⅰ．TN7

中国国家版本馆 CIP 数据核字第 2025K30V32 号

责任编辑：王羽佳
印　　刷：河北鑫兆源印刷有限公司
装　　订：河北鑫兆源印刷有限公司
出版发行：电子工业出版社
　　　　　北京市海淀区万寿路 173 信箱　邮编　100036
开　　本：787×1092　1/16　印张：12　字数：314 千字
版　　次：2010 年 1 月第 1 版
　　　　　2025 年 1 月第 5 版
印　　次：2025 年 1 月第 1 次印刷
定　　价：39.90 元

凡所购买电子工业出版社图书有缺损问题，请向购买书店调换。若书店售缺，请与本社发行部联系，联系及邮购电话：(010)88254888，88258888。
质量投诉请发邮件至 zlts@phei.com.cn，盗版侵权举报请发邮件至 dbqq@phei.com.cn。
本书咨询联系方式：(010)88254535，wyj@phei.com.cn。

前　言

本书是《电路与模拟电子技术基础（第5版）》的配套用书，可以作为学生的习题册和实验指导书。

近年来为了提高高等学校的教学质量，教育部和各高校都投入了大量的精力，采取了很多有效措施。为了提高"电路与模拟电子技术基础"课程的教学质量，除要求学生在课堂上认真听讲外，还必须要求学生在课外多做练习，认真完成课外作业，同时加强实践性环节的训练。本书正是在这样的背景下为满足教学需要而编写的。

本书共11章，前10章对应主教材的内容，即直流电路、一阶动态电路的暂态分析、正弦稳态电路的分析、模拟集成运算放大器及其应用、半导体二极管及直流稳压电源、晶体三极管及其放大电路、场效应管放大电路与放大电路的频率响应、低频功率放大电路、负反馈放大电路、信号产生与处理电路等，每章包括知识要点总结、本章重点与难点、重点分析方法与步骤、填空题和选择题、习题等5部分内容。其中，知识要点总结、重点与难点、重点分析方法与步骤等内容，可帮助学生在完成课后作业前，系统地复习和总结每章的内容；填空题和选择题是对主教材内容的补充，有助于学生对基本概念的理解和掌握。第11章包含11个典型实验：由1个常用仪器使用、4个电路实验和6个模拟电路实验构成，每个实验都给出了实验内容和实验电路的设计方法，不给出具体参数，不针对具体的实验板设计，通用性较强。每个实验需要3~4学时，可以满足实验学时数在34学时以下的教学要求。

学生使用本书，可以省去抄题目和画图的时间，从而可以把更多的精力投入到题目的思考上，提高学习效率。交作业时，沿虚线撕下即可，建议每章交一次作业，内容较多的章节可以交两次作业。对于教师，本书可以减轻收发大量作业本的负担，提高批改作业的效率，从而可以把更多的精力投入到教学中。

本书向教师提供习题参考答案和实验参考结果，请登录华信教育资源网注册下载。

本书由查丽斌和李自勤主编并统稿，第1、2、3、11章由李自勤编写，第4、5、6、7、8、9、10章由查丽斌编写，王宛苹、胡体玲、刘建岚对本书的内容、结构提出了很多重要的意见，在此表示感谢。在本书第5版的编写过程中，广大使用本书作为教材的师生提出了诸多中肯的意见和建议，在此一并表示衷心的感谢！参考文献见右侧二维码。

由于作者水平有限且编写时间仓促，书中难免存在错误和不妥之处，诚恳地希望读者提出宝贵意见和建议，以便今后不断改进。

目　　录

第1章　直流电路 ··· 1
　1.1　知识要点总结 ·· 1
　　　一、电路变量 ··· 1
　　　二、电阻元件 ··· 1
　　　三、电压源与电流源 ·· 1
　　　四、基尔霍夫定律 ·· 2
　　　五、单口网络及等效 ·· 2
　　　六、受控电源 ··· 2
　1.2　本章重点与难点 ·· 3
　1.3　重点分析方法与步骤 ··· 3
　　　一、单口网络等效的分析方法 ···································· 3
　　　二、支路电流法 ·· 3
　　　三、节点分析法 ·· 3
　　　四、叠加定理 ··· 3
　　　五、等效电源定理 ·· 4
　　　六、含受控源电阻电路的分析 ···································· 4
　1.4　填空题和选择题 ·· 5
　1.5　习题1 ·· 7

第2章　一阶动态电路的暂态分析 ······································ 17
　2.1　知识要点总结 ··· 17
　　　一、电容元件与电感元件 ·· 17
　　　二、换路定则及其初始条件 ····································· 17
　　　三、一阶电路零输入响应 ·· 17
　　　四、一阶电路零状态响应 ·· 18
　　　五、一阶电路完全响应 ·· 18
　　　六、三要素法求一阶电路响应 ·································· 18
　2.2　本章重点与难点 ·· 18
　2.3　重点分析方法与步骤 ·· 18
　2.4　填空题和选择题 ·· 19
　2.5　习题2 ··· 21

第3章　正弦稳态电路的分析 ·· 27
　3.1　知识要点总结 ··· 27
　　　一、正弦交流电的基本概念 ····································· 27
　　　二、正弦量的相量表示 ·· 27
　　　三、基尔霍夫定律的相量表示 ··································· 27
　　　四、三种基本元件伏安关系的相量形式 ·························· 27
　　　五、阻抗与导纳 ··· 28
　　　六、正弦稳态电路的功率 ·· 28
　　　七、交流电路的频率特性 ·· 29
　　　八、三相电路 ·· 30
　3.2　本章重点与难点 ·· 30
　3.3　重点分析方法与步骤 ·· 30
　　　一、采用相量法分析正弦稳态电路的步骤 ······················· 30
　　　二、有功功率的计算及功率因数的提高 ························· 31

  三、谐振条件的计算 ·················· 31
3.4 填空题和选择题 ······················ 31
3.5 习题 3 ······································ 35

第 4 章 模拟集成运算放大器及其应用 ····· 47
4.1 知识要点总结 ·························· 47
  一、放大电路的基本概念及性能指标 ···· 47
  二、模拟集成运算放大器组成及特点 ···· 47
  三、理想集成运算放大电路 ············ 47
  四、基本运算电路 ······················ 48
  五、电压比较器 ························ 48
4.2 本章重点与难点 ······················ 49
4.3 重点分析方法与步骤 ·················· 49
  一、运算电路的分析方法 ·············· 49
  二、绘制电压比较器的电压传输特性的步骤和方法 ··· 50
4.4 填空题和选择题 ······················ 50
4.5 习题 4 ······································ 53

第 5 章 半导体二极管及直流稳压电源 ······ 63
5.1 知识要点总结 ·························· 63
  一、二极管的伏安特性 ················ 63
  二、二极管的常用简化电路模型 ········ 63
  三、直流稳压电源 ······················ 64
5.2 本章重点与难点 ······················ 64
5.3 重点分析方法与步骤 ·················· 64
  一、二极管电路的简化分析法 ·········· 64
  二、稳压管稳压电路的分析 ············ 65
  三、整流电路分析 ······················ 65
5.4 填空题和选择题 ······················ 65

5.5 习题 5 ······································ 69

第 6 章 晶体三极管及其放大电路 ············ 77
6.1 知识要点总结 ·························· 77
  一、晶体三极管的基本知识 ············ 77
  二、晶体管放大电路的 3 种接法 ······ 78
  三、电流源电路 ························ 78
6.2 本章重点与难点 ······················ 79
6.3 重点分析方法与步骤 ·················· 79
  一、三极管引脚及类型判别 ············ 79
  二、三极管的工作状态判别 ············ 79
  三、放大电路有无放大作用判别 ········ 80
  四、三极管放大电路分析方法 ·········· 80
  五、放大电路的非线性失真 ············ 81
6.4 填空题和选择题 ······················ 82
6.5 习题 6 ······································ 85

第 7 章 场效应管放大电路与放大电路的频率响应 ··· 99
7.1 知识要点总结 ·························· 99
  一、场效应管的基本知识 ·············· 99
  二、场效应管伏安特性曲线 ············ 99
  三、放大模式下场效应管的模型 ········ 100
  四、放大电路的频率响应 ·············· 100
7.2 本章重点与难点 ······················ 101
7.3 重点分析方法与步骤 ·················· 102
  一、场效应管类型判别 ················ 102
  二、场效应管的工作状态判别 ·········· 102
  三、场效应管放大电路分析 ············ 102
  四、放大电路的频率特性分析方法 ······ 103

7.4 填空题和选择题 ·················· 103
7.5 习题 7 ························· 107

第 8 章 低频功率放大电路 ············ 117
8.1 知识要点总结 ···················· 117
　一、功率放大电路的特点和分类 ······ 117
　二、功放电路的研究重点 ············ 117
　三、复合管 ························ 119
　四、集成功率放大电路 ·············· 119
8.2 本章重点与难点 ·················· 119
8.3 重点分析方法与步骤 ·············· 119
　一、功放电路的计算 ················ 119
　二、功放管的选择 ·················· 120
8.4 填空题和选择题 ·················· 120
8.5 习题 8 ························· 121

第 9 章 负反馈放大电路 ············ 125
9.1 知识要点总结 ···················· 125
　一、反馈的基本概念 ················ 125
　二、负反馈对放大电路性能的影响 ···· 125
9.2 本章重点与难点 ·················· 126
9.3 重点分析方法与步骤 ·············· 126
　一、判别反馈的方法 ················ 126
　二、深度负反馈条件下 $\dot{A}_{uf}$ 的估算 ···· 126
9.4 填空题和选择题 ·················· 127
9.5 习题 9 ························· 129

第 10 章 信号产生与处理电路 ········ 137
10.1 知识要点总结 ··················· 137
　一、正弦波产生电路 ················ 137

　二、RC 文氏桥正弦波振荡电路 ······· 137
　三、LC 正弦波振荡电路 ············· 137
　四、石英晶体振荡器 ················ 138
　五、非正弦波产生电路 ·············· 139
　六、有源滤波电路 ·················· 139
10.2 本章重点与难点 ················· 139
10.3 重点分析方法与步骤 ············· 139
　一、判断电路是否产生正弦波振荡的步骤和方法 ··· 139
　二、滤波电路频率响应分析步骤 ······ 140
10.4 填空题和选择题 ················· 140
10.5 习题 10 ······················· 141

第 11 章 实验 ····················· 147
11.1 常用电子仪器的使用 ············· 147
11.2 叠加定理的验证 ················· 151
11.3 戴维南定理的验证 ··············· 153
11.4 一阶动态电路及其响应 ··········· 155
11.5 RLC 串联谐振电路 ··············· 158
11.6 集成运算放大器的线性应用 ······· 161
11.7 电平检测器的设计与调测 ········· 166
11.8 二极管的判断及直流稳压电源电路 · 168
11.9 三极管的判断及共发射极放大电路 · 172
11.10 负反馈放大电路 ················ 177
11.11 波形产生电路 ·················· 181

第1章 直流电路

1.1 知识要点总结

一、电路变量

1. 电流和电压的参考方向

电流的实际方向规定为正电荷运动的方向。但在电路分析中,很难确定各支路电流的实际方向,因此引入了参考方向。它是人为假设的方向,当实际方向与参考方向一致时,$i>0$,不一致时,$i<0$。

电压也可以用电位差表示。在电路中任选某一点为参考点,设该点电位为零,则其他点与参考点之间的电压就称为该点的电位。这样,a、b间的电压可用a点电位与b点电位之差表示。若选择不同的参考点,电位会发生变化,但任意两点间的电压不会改变。

电压实际方向为电压降方向,即从高电位指向低电位。常用正负极性来表征电压的方向。同样也可以任意假设电压的参考极性,当电压的实际极性与参考极性一致时,$u>0$,反之,$u<0$。

对任意一个二端元件(或二端电路),在标定电流参考方向和电压参考极性后,若电流从电压的正极性端指向负极性端,则称为关联参考方向,否则为非关联参考方向。

2. 功率

功率可按以下方法计算,对任意一个二端元件(或二端电路),当u、i为关联参考方向时:

$$P = ui$$

当u、i为非关联参考方向时:

$$P = -ui$$

计算出来的功率:

$$P \begin{cases} >0 & \text{吸收功率(负载)} \\ <0 & \text{提供功率(电源)} \end{cases}$$

二、电阻元件

对于线性时不变电阻元件:当u、i为关联参考方向时,由欧姆定律得:

$$u = Ri \quad \text{或} \quad i = Gu$$

当u、i为非关联参考方向时,由欧姆定律得:

$$u = -Ri \quad \text{或} \quad i = -Gu$$

线性电阻有两个特殊情况——开路和短路。对于纯电阻支路而言,当$R=0$时,可将支路看作短路,此时电压恒等于零;当$R=\infty$时,可将支路看作开路,此时电流恒等于零。

三、电压源与电流源

1. 理想电压源和理想电流源

理想电压源是一个二端元件,其两端总能保持一定的电压而与流过它的电流无关。如果端电压是常数,则称为直流电压,其伏安特性曲线如图1.1.1所示。

理想电流源也是一个二端元件,从其端钮上总能提供一定的电流而与它两端的电压无关。如果电流是常数,则称为直流电流,其伏安特性曲线如图1.1.2所示。

图 1.1.1 理想电压源的伏安特性曲线　图 1.1.2 理想电流源的伏安特性曲线

2. 实际电源的两个电路模型

实际电压源可看作理想电压源与电阻的串联,其伏安特性曲线如图 1.1.3 所示。实际电流源可看作理想电流源与电导的并联,其伏安特性曲线如图 1.1.4 所示。

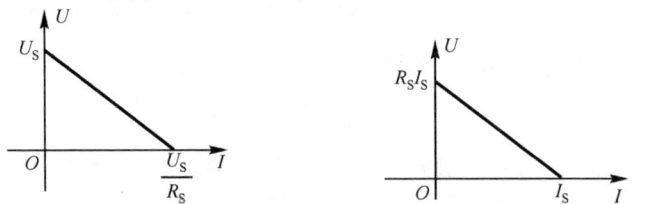

图 1.1.3 实际电压源的伏安特性曲线　图 1.1.4 实际电流源的伏安特性曲线

四、基尔霍夫定律

1. KCL 定律:该定律不仅应用于节点,还可以推广到任意一个闭合面。其方法是,先假定各支路电流的参考方向,然后根据 $\sum i(t)=0$ 或 $\sum i_入 = \sum i_出$ 计算。

2. KVL 定律:该定律不仅应用于闭合回路,也可以把它推广应用于不闭合回路或某一条支路。其方法是,先假定回路绕行方向及各支路电压参考极性,然后由 $\sum u(t)=0$ 计算。

五、单口网络及等效

1. 电阻的串并联及等效

电阻串联时流过同一电流,等效电阻等于各电阻之和,电阻串联常用于分压;电阻并联时承受同一电压,等效电导等于各电导之和,电阻并联常用于分流。

2. 理想电源的等效变换

① n 个电压源串联时,对外可等效为一个电压源,其参考方向任意选择,大小为所串联各电压源电压的代数和。

② 电压源 u_S 与任何一个元件相并联时,其对外等效电路就是电压源 u_S,若电压源并联电压源,则要求被并联的电压源的电压大小相等且极性相同。

③ n 个电流源并联时,对外可等效为一个电流源,其参考方向任意选择,大小为所并联各电流源电流的代数和。

④ 电流源 i_S 与任何一个元件串联时,其对外等效电路就是电流源 i_S,若电流源串联电流源,则要求被串联电流源的电流大小相等且方向相同。

3. 实际电压源和实际电流源的等效

将电压源串联一个电阻等效成电流源并联一个电阻时,等效前后电阻不变,$i_S = \dfrac{u_S}{R_S}$,其电流方向箭头指向电压源正极。若将电流源并联一个电阻等效成电压源串联一个电阻时,等效前后电阻不变,$u_S = R_S i_S$,其电压源正极为电流源电流流出方向。

六、受控电源

线性受控电源是根据某些电子器件中电压与电流之间存在一定关系的特性建立起来的理想化元件,它与独立电源本质上不同,不能独立地向外提供电能和信号,而且它的电压或电流随着所连接的外电路的电压或电流的变化而变化,因此它是一种双口元件,包含 4 种类型:电压控制电压源(VCVS)、电压控制电流源(VCCS)、电流控制电压源(CCVS)、电流控制电流源(CCCS)。

1.2 本章重点与难点

1. 电压、电流参考方向及参考方向与功率的关系
2. 元件的定义及伏安关系(VAR)
3. 基尔霍夫定律(KL):KCL、KVL
4. 单口网络电路的等效变换
5. 支路电流法
6. 节点分析法
7. 叠加定理
8. 戴维南定理

1.3 重点分析方法与步骤

一、单口网络等效的分析方法

等效变换的目的是将复杂电路简化成简单电路,其化简原则是从单口网络另一侧开始化简,根据电源的串并联特性及电源等效变换关系逐步进行化简。一般来说,当两条支路串联时,化简成电压源串联一个电阻的形式;而当两条支路并联时,化简成电流源并联一个电阻的形式。其电路的最简形式是实际电压源或实际电流源。若单口网络只含电阻元件,则可以通过简单的串并联等效成一个电阻。当单口网络只含受控源和电阻时,可在端口处加电压 u,设其端口电流 i 与电压 u 关联,则由端口的伏安关系得 $R = \dfrac{u}{i}$。

二、支路电流法

以支路电流为求解变量的分析方法称为支路电流法。假设电路具有 n 个节点、b 条支路,分析步骤如下:

1. 标出每个支路电流以及参考方向。
2. 依 KCL 列出 $(n-1)$ 个独立的节点电流方程。
3. 以支路电流为变量,依 KVL 列出 $b-(n-1)$ 个独立的回路电压方程。在平面电路中可以选网孔作为独立回路,另一种方法是确保所选的每一个回路至少包含一条其他回路所没有的支路,这样才能保证依 KVL 所列方程是独立的。
4. 求解步骤 2 和步骤 3 所列的联立方程组,得各支路电流。
5. 根据需要,利用元件 VAR 可求得各元件电压及功率。
6. 当某条支路为独立电流源支路时,在回路的选择上,应避开该条支路。同时由于该条支路电流已知,使其未知量减少,故方程数也相应减少了。

三、节点分析法

设电路具有 n 个节点、b 条支路,分析步骤如下:

1. 在电路中任选一个节点作为参考节点(设参考节点为零点),则其他节点与参考节点的电压降称为该节点的节点电压。
2. 以节点电压为变量,依 KCL 列出 $(n-1)$ 个独立的节点电流方程。
3. 求解所列的联立方程组,得各节点电压。
4. 根据需要,利用元件 VAR 可求得各元件电流及功率。
5. 当电路含有独立电压源支路时,可选择该电压源的一端作为参考点,则另一端电压已知,可减少方程数。

节点电压法与支路电流法相比,省去了 $b-(n-1)$ 个独立回路的 KVL 方程,这是因为节点电压与路径无关。

四、叠加定理

只有拥有两个或两个以上独立电源的线性电路,才可运用叠加定理进行计算。当某一独立源单独作用时,其余的独立源置为零,即独

立电压源短路，独立电流源开路。而其余元件应保留，先求出每个独立电源单独作用时待求支路的电压（或电流）分量，再进行叠加。注意，当分量的方向与总量的方向一致时，叠加取正，相反时取负。需要指出的是，叠加定理只限于线性电路的电流和电压的计算，不适用于功率的计算，因为功率不是电源电压或电流的一次函数。

五、等效电源定理

在电路分析中，若只需求出复杂电路中某一特定支路的电流或电压时，应用等效电源定理计算比较方便。该方法是，先将待求支路断开，求其余部分单口网络的戴维南等效电路或诺顿等效电路。分析步骤如下：

1. 求单口网络的开路电压和短路电流：在求解开路电压 u_{OC} 和短路电流 i_{SC} 时，要充分利用开路和短路的条件，根据电路特点，选择基尔霍夫定律、支路电流法、节点分析法、叠加定理等分析方法进行计算。

2. 求解等效电阻 R_O：R_O 的求解方法有 3 种。

① 当所有独立源置零后，单口网络内部仅含电阻，可利用电阻的串并联等效变换进行化简，求解无源网络的等效电阻。

② 外施电源法：如果置零后的单口网络内部含电阻和受控源，则在端口处外施电压源 u，并计算端口处的伏安关系。当 u 与 i 为关联参考方向时，根据定义可算得端口的等效电阻为：

$$R_O = \frac{u}{i}$$

③ 开路短路法：在 u_{OC} 与 i_{SC} 为非关联参考方向时，可得端口的等效电阻为：

$$R_O = \frac{u_{OC}}{i_{SC}}$$

3. 画出戴维南等效电路或诺顿等效电路：其中戴维南等效电路为电压源（电压为 U_{OC}）与等效电阻 R_0 的串联，而诺顿等效电路为电流源（电流为 I_{SC}）与等效电阻 R_0 的并联。

4. 将待求支路与戴维南等效电路或诺顿等效电路连接：当待求量所在支路与等效含源支路连接时，待求量所在的位置及方向与原电路应保持一致，然后求出待求量。

六、含受控源电阻电路的分析

1. 受控电源的等效变换与独立源的变换方法相同，但应注意控制变量不能改变，所以一般在进行等效变换时将控制支路保留。

2. 在利用支路电流法和节点分析法计算含受控源电路时，可将受控源视为独立源来处理，但需增加根据控制量与变量之间的关系所列的辅加方程（除非控制量等于变量），即在支路电流法中增加根据控制量与支路电流之间的关系所列的方程，在节点分析法中增加根据控制量与节点电压之间的关系所列的方程。

3. 运用叠加定理求含受控源的电路时，要注意受控源与独立源不同，不可单独作用，受控源应和电阻一样保留在电路中。不同独立源单独作用时，会引起受控源及控制量发生变化。在特殊情况下，可能会导致控制量为零，此时可将受控电压源看作短路，受控电流源看作开路，再进行计算。

4. 运用电源定理求含受控源的电路时，要求受控源及控制变量必须在有源单口网络内部，但允许控制量为端口处的电压或电流。当求戴维南等效电阻时，必须考虑受控源的作用，不能像处理独立源那样把受控源也用开路和短路代替，除非控制量为零。所以在一般情况下，计算含受控源的等效电阻常采用的方法是外施电源法和开路短路法，而不能直接用简单的串并联求解。当控制量在端口时，它要随端口的开路或短路而发生相应变化，即必须用变化了的控制量来表示受控源的电压和电流，然后再进行分析计算。

1.4 填空题和选择题

一、填空题

1.4.1 流过一个理想电压源的电流由_____决定。

1.4.2 由 n 个节点，b 条支路组成的电路，共有_____个独立 KCL 方程和_____个独立 KVL 方程。

1.4.3 如图 1.4.1 所示电路，当 R 增大时，流过 R_L 的电流将_____（变大、变小、不变）。

1.4.4 在图 1.4.2 所示电路中，3A 电流源的功率为_____W，其作用相当于_____（电源、负载）。

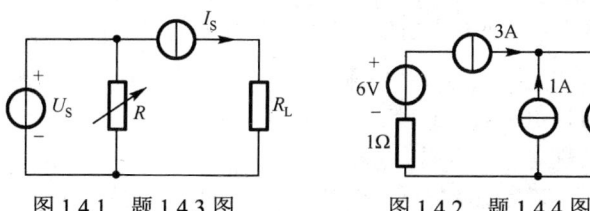

图 1.4.1 题 1.4.3 图   图 1.4.2 题 1.4.4 图

1.4.5 图 1.4.3 为某实际电流源的外部特性曲线，则该电流源的电流 $I_S =$ _____A，内阻 $R_S =$ _____Ω。

1.4.6 求图 1.4.4 所示电路的 $I_3 =$ _____A，$I_6 =$ _____A。

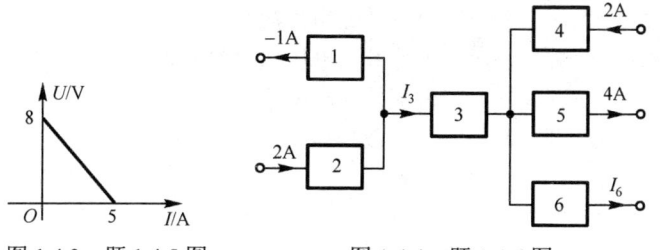

图 1.4.3 题 1.4.5 图   图 1.4.4 题 1.4.6 图

1.4.7 图 1.4.5 所示电路的等效电阻为_____。

1.4.8 在图 1.4.6 所示电路中，$I =$ _____A。

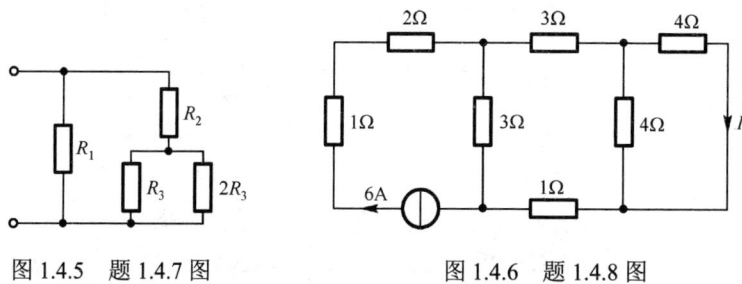

图 1.4.5 题 1.4.7 图   图 1.4.6 题 1.4.8 图

1.4.9 某一实际电压源外接负载，当电流 $I = 0.5$A 时，负载两端电压为 4.8V，当负载开路时，电压为 5V，问电压源内阻 $R_0 =$ _____Ω，短路电流 $I_{SC} =$ _____A。

1.4.10 受控源的分类为_____、_____、_____、_____。

1.4.11 在图 1.4.7 所示电路中，$I =$ _____A。

1.4.12 在图 1.4.8 所示电路中，$I =$ _____A。

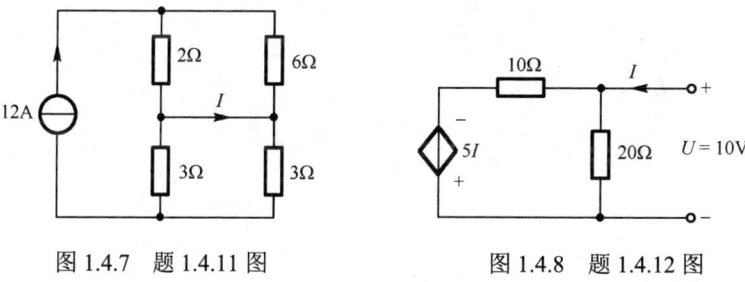

图 1.4.7 题 1.4.11 图   图 1.4.8 题 1.4.12 图

1.4.13 图 1.4.9 所示电路 ab 端等效电阻 $R_{ab} =$ _____Ω。

1.4.14 求图 1.4.10 所示电路的开路电压 $U_{ab} =$ _____V，等效电阻 $R_{ab} =$ _____Ω。

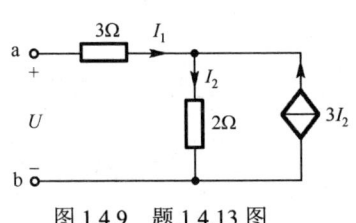
图 1.4.9 题 1.4.13 图

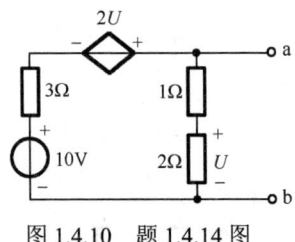
图 1.4.10 题 1.4.14 图

1.4.15 当一个理想电压源 $U_S = 6V$ 与一个实际电压源 $U_{S1} = 4V$，$R_S = 2\Omega$ 相并联，该并联电路的等效电路为_____。

二、选择正确的答案填空

1.4.16 电压是_____。
A. 两点之间的物理量，与零点选择有关
B. 两点之间的物理量，与路径选择有关
C. 两点之间的物理量，与零点选择和路径选择都无关

1.4.17 图 1.4.11 中 2V 电压源对_____。
A. 回路中电流大小有影响
B. 电流源的功率有影响
C. 电流源的电压无影响
D. 电流源的功率无影响

1.4.18 理想电流源输出恒定的电流，其输出端电压_____。
A. 恒定不变
B. 等于零
C. 由内电阻决定
D. 由外电路决定

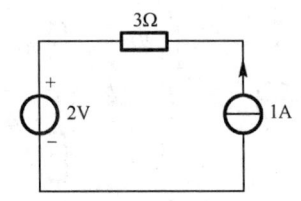
图 1.4.11 题 1.4.17 图

1.4.19 受控源与独立源的主要区别在于_____。

A. 独立源 U_S 或 I_S 与其他支路的电压或电流无关，而受控源的电压或电流与其他支路的电压或电流有关
B. 独立源的电压与电流无关，而受控源的电压与电流有关
C. 独立源能提供能量，而受控源不能提供能量

1.4.20 有 3 个电阻相并联，已知 $R_1 = 4.5\Omega$，$R_2 = 3\Omega$，$R_3 = 9\Omega$。在 3 个并联电阻两端外加电流为 $I_S = 33A$ 的电流源，则对应各电阻中的电流分别为_____。
A. $I_{R1} = 11A$，$I_{R2} = 16.5A$，$I_{R3} = 5.5A$
B. $I_{R1} = 16.5A$，$I_{R2} = 11A$，$I_{R3} = 5.5A$
C. $I_{R1} = 5.5A$，$I_{R2} = 16.5A$，$I_{R3} = 11A$
D. $I_{R1} = 11A$，$I_{R2} = 5.5A$，$I_{R3} = 16.5A$

1.4.21 叠加定理适用于_____。
A. 任何电路的电位、电流
B. 线性电路的任何量
C. 线性电路的电压、电流

1.4.22 某含源单口网络的开路电压为 10V，接上 10Ω 电阻时电压为 7V，则该单口网络的内阻 R_0 为_____。
A. 4.6Ω B. 4.3Ω
C. 5.0Ω D. 6.0Ω

1.4.23 关于二端网络的等效概念，下列描述错误的是_____。
A. 电流源串联电阻可等效为电流源
B. 电流源并联电阻可等效为电压源串联电阻
C. 电压源并联电阻可等效为电压源
D. 电压源并联电阻可等效为电流源串联电阻

1.5 习题 1

1.5.1 求图 1.5.1 中各元件的功率，并指出每个元件起电源作用还是负载作用。

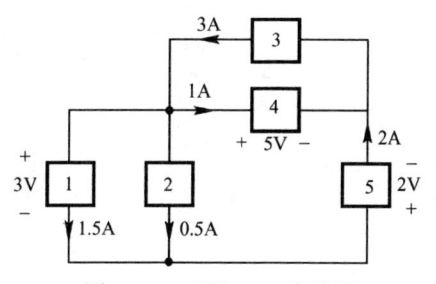

图 1.5.1 习题 1.5.1 电路图

解：

1.5.2 求图 1.5.2 中的电流 I、电压 U 及电压源和电流源的功率。

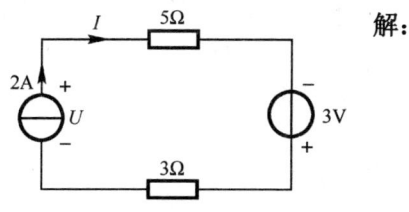

图 1.5.2 习题 1.5.2 电路图

解：

1.5.3 求图 1.5.3 电路中的电流 I_1、I_2 及 I_3。

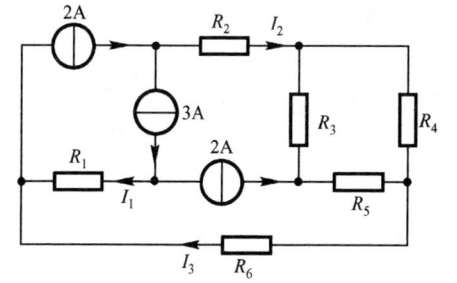

图 1.5.3 习题 1.5.3 电路图

解：

1.5.4 试求图 1.5.4 所示电路的 U_{ab}。

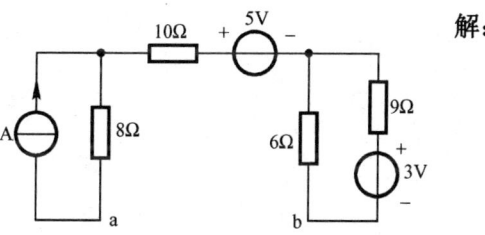

图 1.5.4 习题 1.5.4 电路图

解：

1.5.5 求图1.5.5中的 I 及 U_S。

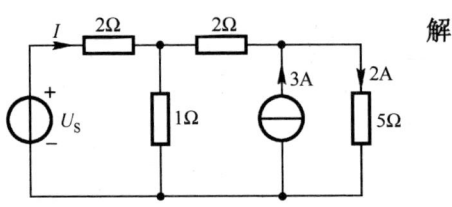

图1.5.5 习题1.5.5电路图

解：

1.5.6 试求图1.5.6中的 I、I_X、U 及 U_X。

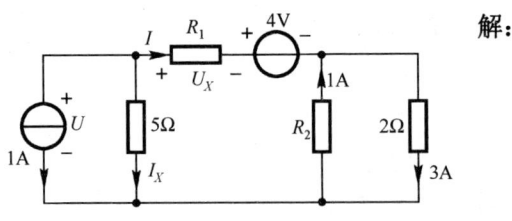

图1.5.6 习题1.5.6电路图

解：

1.5.7 电路如图1.5.7所示，求：（1）图(a)中的ab端等效电阻；（2）图(b)中的电阻 R。

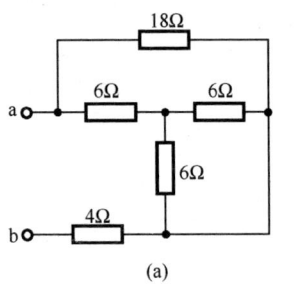

(a)

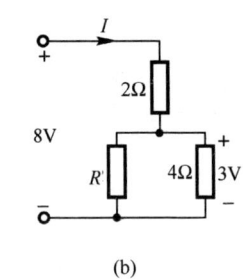

(b)

图1.5.7 习题1.5.7电路图

解：

1.5.8 电路如图1.5.8所示，求：（1）图(a)中的电压 U_S 和 U；（2）图(b)中 $U = 2V$ 时的电压 U_S。

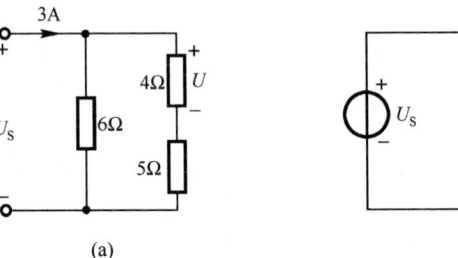

(a)   (b)

图1.5.8 习题1.5.8电路图

解：

1.5.10 计算图 1.5.10 中的各支路电流。

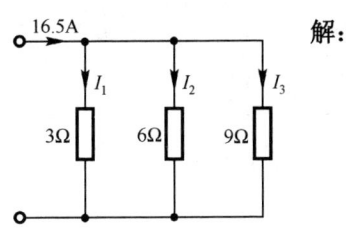

图 1.5.10 习题 1.5.10 电路图

解：

1.5.9 滑线电阻分压器电路如图 1.5.9(a)所示，已知 $R = 500\Omega$，额定电流为1.8A，外加电压500V，$R_1 = 100\Omega$，求：（1）输出电压 U_o；（2）如果误将内阻为 0.5Ω，最大量程为 2A 的电流表连接在输出端口，如图 1.5.9(b)所示，将发生什么情况？

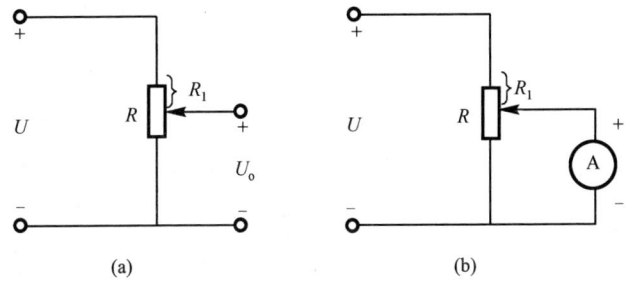

图 1.5.9 习题 1.5.9 电路图

解：

1.5.11 为扩大电流表量程，要在电流表外侧接一个与电流表并联的电阻 R_m，此电阻称为分流器，其电路如图 1.5.11 所示。已知电流表内阻 $R_g = 5\Omega$，若用100mA 电流表测量1A 电流时，需接多少欧姆的分流器？该电阻的功率应选择多大？

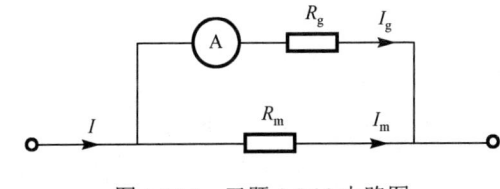

图 1.5.11 习题 1.5.11 电路图

解：

1.5.12 将图 1.5.12 所示电路化为最简形式。

1.5.13 用电源等效变换求图 1.5.13 中的电流 I。

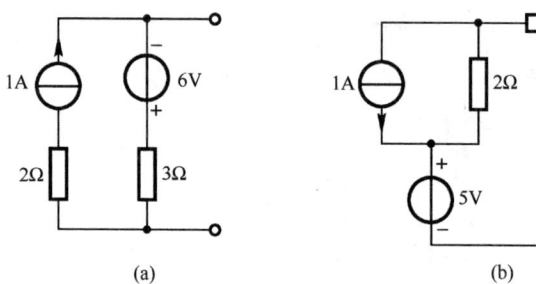

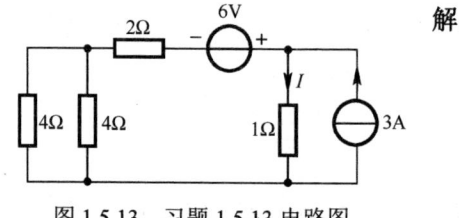

图 1.5.13 习题 1.5.13 电路图

图 1.5.12 习题 1.5.12 电路图

解：

解：

1.5.14 求图 1.5.14 所示电路的 a 点电位和 b 点电位。

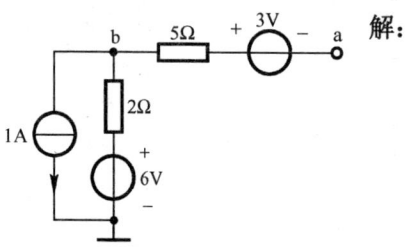

解：

图 1.5.14 习题 1.5.14 电路图

1.5.15 用支路电流法求图 1.5.15 中的各支路电流。

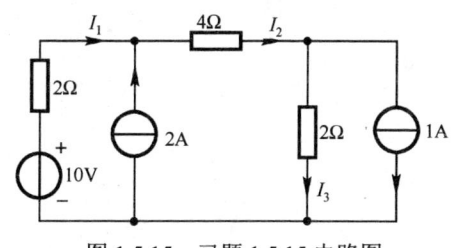

图 1.5.15　习题 1.5.15 电路图

解：

1.5.16 用支路电流法求图 1.5.16 所示电路的电流 I_1、I_2 及 I_3。

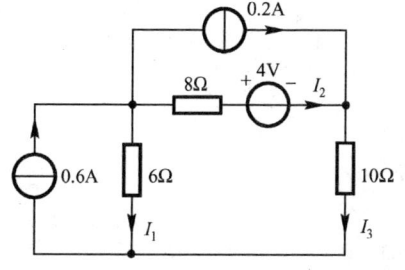

图 1.5.16　习题 1.5.16 电路图

解：

1.5.17 用节点分析法求图 1.5.17 中的电压 U。

解：

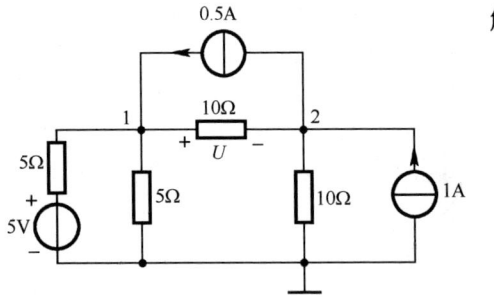

图 1.5.17　习题 1.5.17 电路图

1.5.18 求图 1.5.18 所示电路的节点电位 V_a。

解：

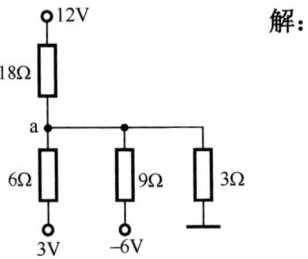

图 1.5.18　习题 1.5.18 电路图

1.5.19 用叠加定理求图 1.5.19 所示电路的电压 U。

解：

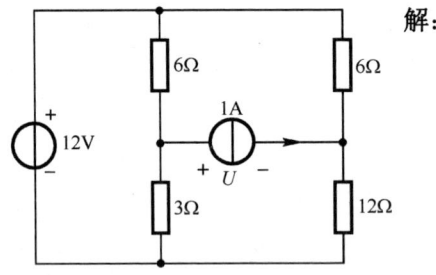

图 1.5.19　习题 1.5.19 电路图

1.5.21 用戴维南定理求图 1.5.21 所示电路的电压 U。

解：

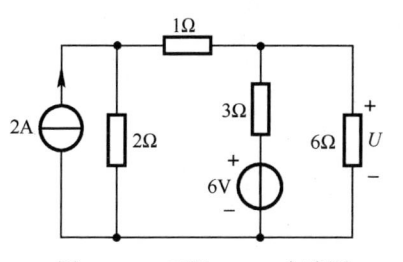

图 1.5.21 习题 1.5.21 电路图

1.5.20 用戴维南定理求图 1.5.20 所示电路的电流 I。

解：

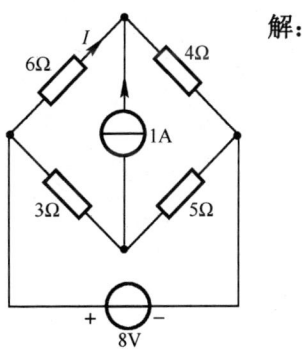

图 1.5.20 习题 1.5.20 电路图

1.5.22 用诺顿定理求图1.5.22所示电路的电流 I 。

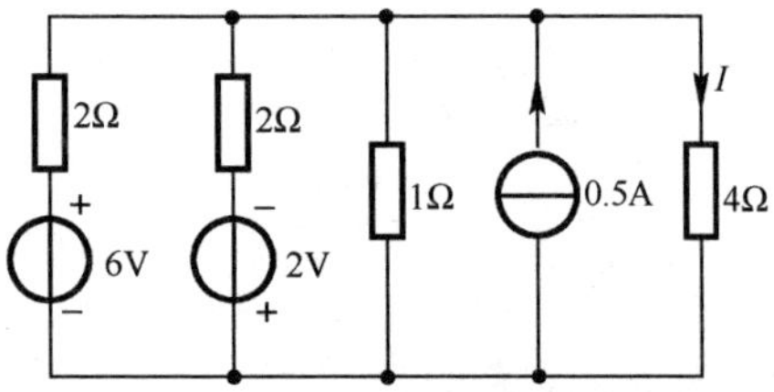

解：

图1.5.22 习题1.5.22 电路图

1.5.24 用电源等效变换求图1.5.24中的电流 I 及电压源功率。

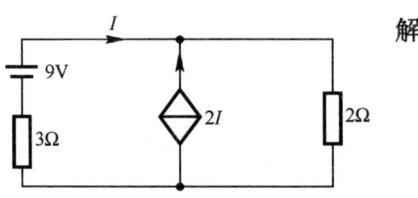

解：

图1.5.24 习题1.5.24 电路图

1.5.23 试求图1.5.23所示电路的电流 I 及受控源功率。

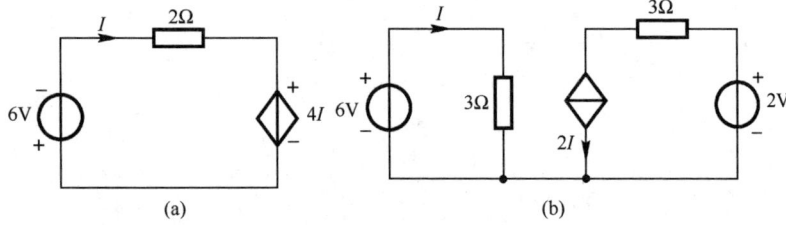

(a)　　　　　　　　　(b)

图1.5.23 习题1.5.23 电路图

1.5.25 用支路电流法求图 1.5.25 中的电流 I_1 及 I_2。

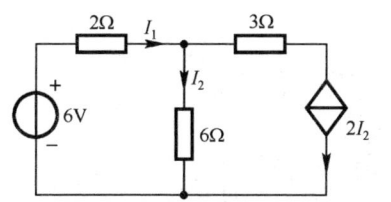

解：

图 1.5.25　习题 1.5.25 电路图

1.5.27 用叠加定理求图 1.5.27 所示电路的电流 I 和电压 U。

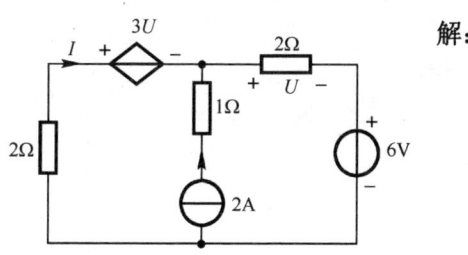

解：

图 1.5.27　习题 1.5.27 电路图

1.5.26 用节点分析法求图 1.5.26 所示电路的各节点电压。

解：

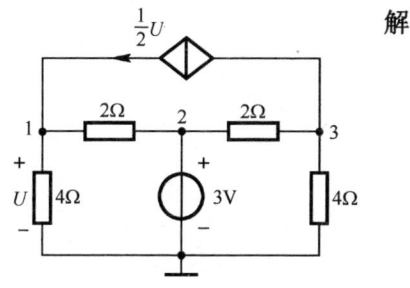

图 1.5.26　习题 1.5.26 电路图

1.5.28 在图 1.5.28 所示电路中，试用戴维南定理分别求出 $R_L=5\Omega$ 和 $R_L=15\Omega$ 时的电流 I_L。

1.5.29 试用外施电源法求图 1.5.29 所示电路输入端口的等效电阻 R_i，$\beta=50$。

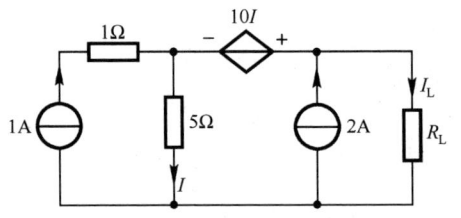

图 1.5.28 习题 1.5.28 电路图

解：

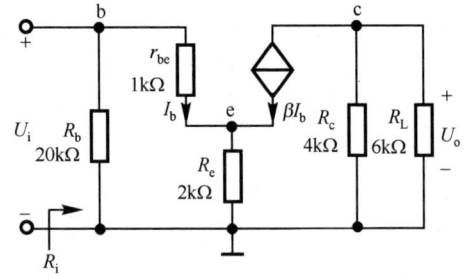

图 1.5.29 习题 1.5.29 电路图

解：

第 2 章　一阶动态电路的暂态分析

2.1　知识要点总结

一、电容元件与电感元件

1. 线性电容元件的 VAR

当电容元件的电压、电流为关联参考方向时：$i_C = C\dfrac{du_C}{dt}$

非关联参考方向时：$i_C = -C\dfrac{du_C}{dt}$

电容 VAR 的积分形式为：$u_C(t) = u_C(t_0) + \dfrac{1}{C}\displaystyle\int_{t_0}^{t} i_C(\lambda)\,d\lambda$，$t > t_0$

电容的储能：$w_C(t) = \dfrac{1}{2}Cu_C^{\,2}(t)$

可以看出某时刻的储能与该时刻的电压平方成正比，电容电压的大小表示了电容的储能状态，所以电容电压称为状态变量。

2. 线性电感元件的 VAR

当电感元件的电压、电流为关联参考方向时：$u_L = L\dfrac{di_L}{dt}$

非关联参考方向时：$u_L = -L\dfrac{di_L}{dt}$

电感 VAR 的积分形式为：$i_L(t) = i_L(t_0) + \dfrac{1}{L}\displaystyle\int_{t_0}^{t} u_L(\lambda)\,d\lambda$，$t > t_0$

电感的储能：$w_L(t) = \dfrac{1}{2}Li_L^{\,2}(t)$

可以看出某时刻的储能与该时刻的电流平方成正比，电感电流的大小表示了电感的储能状态，所以电感电流称为状态变量。

二、换路定则及其初始条件

在电路理论中，通常把开关动作（闭合或断开）、线路的接通或断开、电路参数的突变等统称为换路。设电路在 $t = 0$ 时（也可以设为 $t = t_0$ 时）换路。$t = 0_-$ 和 $t = 0_+$ 分别表示换路前和换路后的瞬间，$u(0_+)$、$i(0_+)$ 表示换路后的电压、电流，称为初始值。其中，电容电压初始值 $u_C(0_+)$ 及电感电流初始值 $i_L(0_+)$ 在满足换路瞬间电容电流、电感电压为有界时，通过换路定则：$u_C(0_+) = u_C(0_-)$；$i_L(0_+) = i_L(0_-)$ 可求得。注意，换路定则只适用于换路瞬间。

三、一阶电路零输入响应

零输入响应是指动态电路在没有外施激励时，仅由动态元件的初始储能所引起的响应。

对于一阶动态电路，一般表示形式为：$f(t) = f(0_+)e^{-\frac{t}{\tau}}$

式中，$f(0_+)$ 为初始值，f 既可代表电压，又可代表电流；τ 称为时间常数，它反映了暂态过程的变化速率，工程上一般认为经过 $3\tau \sim 5\tau$ 暂态过程结束。对于 RC 一阶电路，其时间常数 $\tau = RC$，RL 电路的时间常数 $\tau = \dfrac{L}{R}$；R 是从动态元件（电容或电感）两端看进去的戴维南等效电阻。

在零输入响应中，若初始值增加 K 倍，则响应也增加 K 倍，这种响应与初始值之间的正比关系称为零输入响应线性。

四、一阶电路零状态响应

零状态响应是指动态元件初始储能为零,仅由外施激励所引起的响应。

电容电压和电感电流的零状态响应分别为:

$$u_C(t) = u_C(\infty)\left(1 - e^{-\frac{t}{\tau}}\right); \quad i_L(t) = i_L(\infty)\left(1 - e^{-\frac{t}{\tau}}\right)$$

这里,$u_C(\infty)$表示电容电压稳态值,而$i_L(\infty)$表示电感电流的稳态值。

由于稳态值的大小是由外加激励决定的,所以当外加激励增加K倍时,其零状态响应也增加K倍,这种外加激励与零状态响应之间的正比关系称为零状态比例性。当多个激励电源作用于初始状态为零的电路时可进行叠加,所以零状态响应具有线性特性。

五、一阶电路完全响应

完全响应是指由非零初始状态和外加激励共同作用所产生的响应,所以它可以分解为零输入响应与零状态响应之和,即

完全响应=零输入响应+零状态响应

需指出,零输入响应是初始状态的线性函数;零状态响应是外加激励的线性函数;完全响应既不是激励的线性函数,又不是初始状态的线性函数,因此完全响应不具有比例性。

另外,一阶线性动态电路在直流电源激励下,其完全响应还可表示为暂态响应与稳态响应之和,即

完全响应=暂态响应+稳态响应

六、三要素法求一阶电路响应

三要素法公式为:

$$f(t) = f(\infty) + [f(0_+) - f(\infty)]e^{-\frac{t}{\tau}}, \quad t > 0$$

等式右边的第一项是稳态分量,而第二项随时间的增长按指数规律衰减,当$t \to \infty$时,该分量消失,故称为暂态分量,所以它是由稳态分量和暂态分量组成的。

若换路时$t \neq 0$,则三要素法公式可改写为:

$$f(t) = f(\infty) + [f(t_0) - f(\infty)]e^{-\frac{t-t_0}{\tau}}, \quad t > t_0$$

注意,三要素法的适用范围:①直流电源激励下;②一阶线性动态电路;③电路中的任何电压和电流。

2.2 本章重点与难点

1. 电容、电感元件的伏安特性
2. 换路定则及初始值的确定
3. 一阶动态电路零输入响应、时间常数的概念及求法
4. 一阶动态电路的零状态响应的概念及求法
5. 一阶电路完全响应的计算方法——三要素法

2.3 重点分析方法与步骤

运用三要素法求解电路完全响应的步骤如下。

(1)求初始值$f(0_+)$。

首先,求换路前$t = 0_-$时的$u_C(0_-)$或$i_L(0_-)$,若换路前储能元件已储能,并且电路已处于稳定状态,则在直流电源激励下,可将电容视为

开路，电感视为短路，再计算 $u_C(0_-)$ 和 $i_L(0_-)$。然后，由换路定则求出 $u_C(0_+)$ 和 $i_L(0_+)$，作 $t=0_+$ 时的等效电路，用电压源电压 $u_C(0_+)$ 替代电容，电流源电流 $i_L(0_+)$ 替代电感。如果换路前电容及电感均无储能，则 $u_C(0_+)=0$，电容用短路线替代，$i_L(0_+)=0$，电感用开路来替代，由 $t=0_+$ 时的等效电路可求得任一支路电压、电流的初始值。

（2）求稳态值 $f(\infty)$。

换路后，在直流激励下，当 $t \to \infty$ 时电容相当于开路，电感相当于短路，所得电路为一直流电阻电路，由此电路可求得任一支路电压、电流的稳态值。

（3）求时间常数 τ。

由于时间常数 τ 是反映换路后暂态响应变化快慢的量，所以求 τ 必须在换路后的电路中进行。对一般电路而言，先求电容或电感以外的等效输出电阻 R_0，再计算出时间常数 $\tau = R_0 C$ 或 $\tau = \dfrac{L}{R_0}$。

（4）当 $0 < t < \infty$ 时，依据三要素法公式：

$$f(t) = f(\infty) + [f(0_+) - f(\infty)]e^{-\frac{t}{\tau}}, \quad t > 0$$

将计算得到的 3 个要素 $f(0_+)$、$f(\infty)$ 和 τ 代入公式中，即可写出任一支路电压、电流的表达式。

另外，在求除 u_C 及 i_L 之外的其他电压、电流时，可先利用三要素公式求解 $u_C(t)$ 和 $i_L(t)$，然后再用电压源 $u_C(t)$ 和电流源 $i_L(t)$ 替代电容和电感，于是电路转换为电阻电路，再根据基尔霍夫定律及元件 VAR 求出任一支路电压、电流值。

2.4 填空题和选择题

一、填空题

2.4.1 在直流电路中，稳态时电感元件可看作_____，电容元件可看作_____。

2.4.2 动态电路在没有外加电源激励时，仅由电路初始储能产生的响应，称为_____。

2.4.3 初始储能为零的电容，在换路瞬间可看作_____，而初始储能为零的电感，在换路瞬间可看作_____。

2.4.4 换路瞬间，当电容电流为有限值时，_____不能跃变；而当电感电压为有限值时，_____不能跃变。

2.4.5 充电电路时间常数 τ 越大，则电路达到稳态的速度_____。

2.4.6 在一阶动态电路的换路瞬间，若电容电流、电感电压均为有限值，则电容电压、电感电流不发生跃变。换路定则只适用于_____时刻的电容电压和电感电流。

2.4.7 如果通过电容元件的电流为方波，则电容元件的电压为_____。

2.4.8 已知 RC 串联一阶电路的响应 $u_C(t) = 6(1-e^{-20t})$ V，电容 $C = 2\mu F$，则电路的时间常数 $\tau = $ _____ s，电路的电阻 $R = $ _____ Ω。

2.4.9 图 2.4.1 为 $t>0$ 的电路，$\tau = $ _____。

2.4.10 电路如图 2.4.2 所示，开关 S 断开前电路已处于稳态，$t=0$ 时开关断开，则 $i_L(0_+) = $ _____ mA，$u_C(0_+) = $ _____ V。

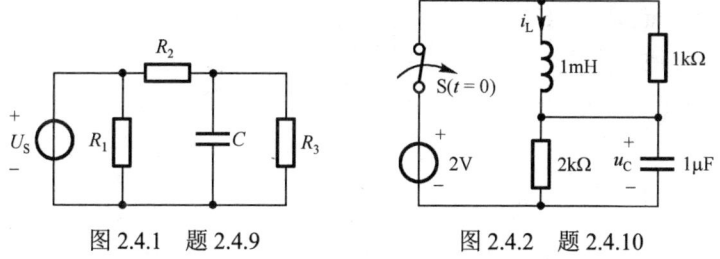

图 2.4.1 题 2.4.9   图 2.4.2 题 2.4.10

二、选择正确的答案填空

2.4.11 若流过 4H 电感元件的电流 $i(t) = 2t$，则在 $t=1$s 时储能为_____。

A. 4J B. 8J C. 16J D. 12J

2.4.12 下列各式中错误的是_____。

A. $i_C = -C\dfrac{du_C}{dt}$ B. $u_L = L\dfrac{di_L}{dt}$

C. $u_C(t) = u_C(t_0) + \dfrac{1}{C}\int_{t_0}^{t} i(\lambda)d\lambda$ D. $u_C = C\dfrac{di_C}{dt}$

2.4.13 流过电容的电流与_____成正比。

A. 电压的瞬时值 B. 电压的变化率
C. 电压的平均值 D. 电压的积分

2.4.14 换路时下列不能跃变的量是_____。

A. 电容电流 B. 电感电压
C. 电阻电压 D. 电容储能

2.4.15 下列关于电感储能的描述中错误的是_____。

A. 如电感电流为零，则其储能也为零
B. 如电感电压为零，则其储能也为零
C. 如电感的磁链为零，则其储能也为零

2.4.16 RL、RC 电路的时间常数 τ 分别等于_____。

A. RL、C/R B. L/R、C/R
C. L/R、RC D. R/L、RC

2.5 习题 2

2.5.1 在图 2.5.1 所示电路中，已知 $u(t)=8\cos 4t\text{V}$，$i_1(0)=2\text{A}$，$i_2(0)=1\text{A}$，求 $t>0$ 时的 $i_1(t)$ 和 $i_2(t)$。

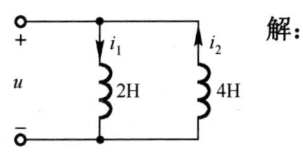

图 2.5.1　习题 2.5.1 电路图

解：

2.5.2 电路如图 2.5.2 所示，开关在 $t=0$ 时由"1"拨向"2"，已知开关在"1"时电路已处于稳定。求 u_C、i_C、u_L 和 i_L 的初始值。

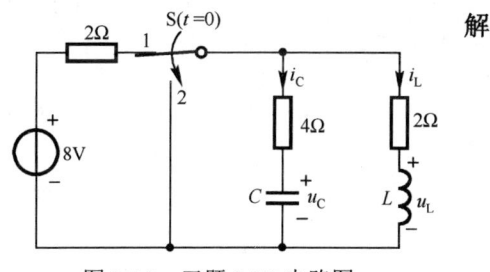

图 2.5.2　习题 2.5.2 电路图

解：

2.5.3 开关闭合前图 2.5.3 所示电路已稳定且电容未储能，$t=0$ 时开关闭合，求 $i(0_+)$ 和 $u(0_+)$。

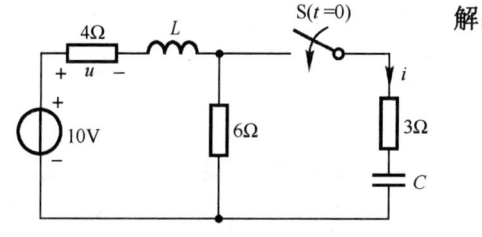

图 2.5.3　习题 2.5.3 电路图

解：

2.5.4 电路如图 2.5.4 所示，开关在 $t=0$ 时断开，断开前电路已稳定。求 u_C、u_L、i_L、i_1 和 i_C 的初始值。

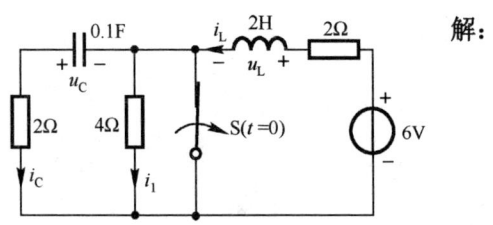

图 2.5.4 习题 2.5.4 电路图

解：

2.5.5 图 2.5.5 所示为一个实际电容器的等效电路。电容器充电后通过泄漏电阻 R 释放其储存的能量，设 $u_C(0_-)=250\text{V}$，$C=100\mu\text{F}$，$R=4\text{M}\Omega$，试计算：

（1）电容 C 的初始储能；
（2）零输入响应 u_C，电阻电流的最大值；
（3）电容电压降到人身安全电压 36V 所需的时间。

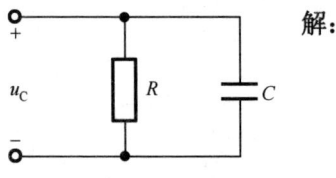

图 2.5.5 习题 2.5.5 电路图

2.5.6 换路前如图 2.5.6 所示电路已处于稳态，$t=0$ 时开关断开。求换路后的 i_L 及 u。

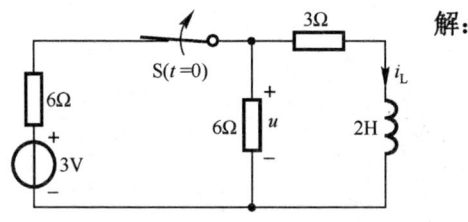

图 2.5.6 习题 2.5.6 电路图

解：

2.5.7 换路前如图 2.5.7 所示电路已处于稳态，$t = 0$ 时开关闭合。求换路后电容电压 u_C 及电流 i 。

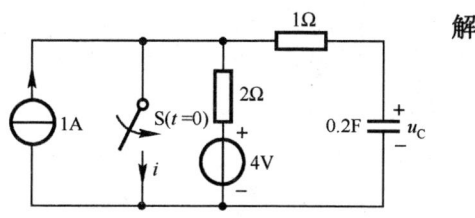

图 2.5.7 习题 2.5.7 电路图

解：

2.5.8 换路前如图 2.5.8 所示电路已处于稳态，$t = 0$ 时开关闭合。求换路后电容电压 u_C 及电流 i_C 。

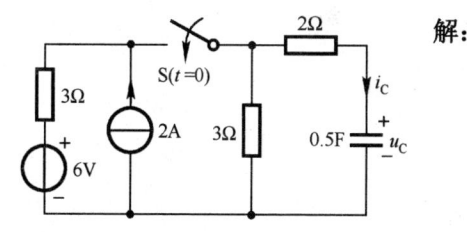

图 2.5.8 习题 2.5.8 电路图

解：

2.5.9 开关在 $t=0$ 时关闭，求如图 2.5.9 所示电路的零状态响应 $i(t)$。

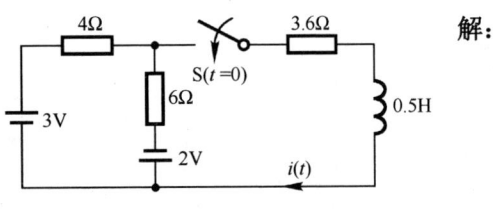

解：

图 2.5.9 习题 2.5.9 电路图

2.5.10 在如图 2.5.10 所示电路中，开关接在位置"1"时已达稳态，在 $t=0$ 时开关转到"2"的位置，试用三要素法求 $t>0$ 时的电容电压 u_C 及电流 i。

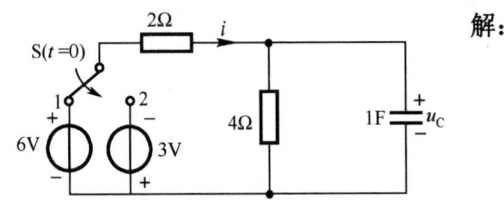

解：

图 2.5.10 习题 2.5.10 电路图

2.5.11 图 2.5.11 所示电路原已达稳态，$t = 0$ 开关断开。求 $t > 0$ 时的响应 u_C、i_L 及 u。

解：

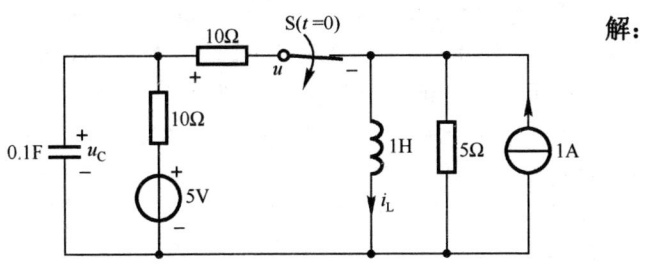

图 2.5.11　习题 2.5.11 电路图

2.5.12 在开关 S 闭合前，如图 2.5.12 所示电路已处于稳态，$t = 0$ 时开关闭合。求开关闭合后的电流 i_L。

解：

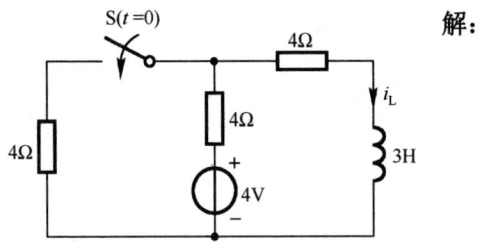

图 2.5.12　习题 2.5.12 电路图

2.5.13 在如图 2.5.13 所示的电路中,开关 S 闭合前电路为稳态,$t = 0$ 时开关闭合,试求 $t > 0$ 时的 $u_C(t)$、$i_C(t)$ 及 $i_L(t)$。

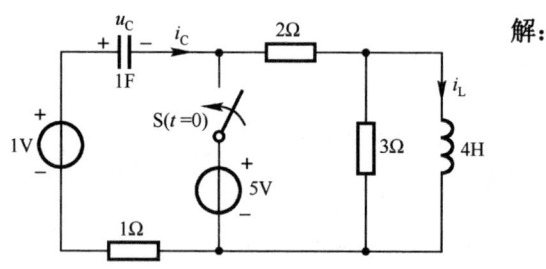

图 2.5.13　习题 2.5.13 电路图

解:

2.5.14 一个延时继电器原理电路图如图 2.5.14 所示,当开关 S_1 闭合时,线圈中就会流过一定的电流而使线圈内部产生磁场,随着电流的增加,磁场增强,当通过继电器 J 的电流 i 达到 6mA 时,开关 S_2 即被吸合,从开关 S_1 闭合到开关 S_2 闭合的时间间隔称为继电器的延时时间。为使延时时间可在一定范围内调节,在电路中串联一个可调电阻 R,设 $R_L = 250\Omega$,$L = 14.4H$,$U_S = 6V$,$R = 0 \sim 250\Omega$ 可调,求电流 i 的表达式及该继电器的延时调节范围。

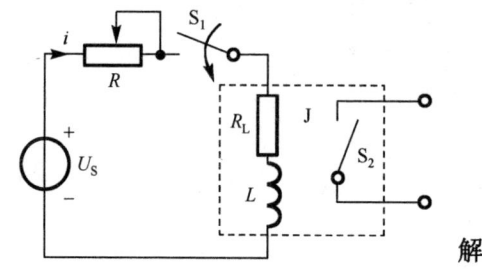

解:

图 2.5.14　习题 2.5.14 电路图

第3章 正弦稳态电路的分析

3.1 知识要点总结

一、正弦交流电的基本概念

正弦交流电瞬时值的一般表达式为：
$$u = U_m \sin(\omega t + \theta_u) \quad i = I_m \sin(\omega t + \theta_i)$$

可见，正弦量包含三要素：最大值（又称幅值，U_m 或 I_m）、角频率（ω）及初相位（θ_u 或 θ_i）。

1. 最大值（幅值）→表示正弦量大小

最大值与有效值的关系为：$U = \dfrac{U_m}{\sqrt{2}} = 0.707 U_m$ $I = \dfrac{I_m}{\sqrt{2}} = 0.707 I_m$

2. 角频率→表示正弦量变化快慢

角频率 ω、频率 f 和周期 T 三者之间的关系为：$\omega = \dfrac{2\pi}{T} = 2\pi f$

3. 初相位→表示正弦量初始值

两个同频率正弦量 u 与 i 之间的相位差为：
$$\varphi = (\omega t + \theta_u) - (\omega t + \theta_i) = \theta_u - \theta_i$$

$\varphi > 0$，即 $\theta_u > \theta_i$，称 u 超前于 i φ 角，或 i 滞后于 u φ 角；$\varphi = 0$，称为同相；$\varphi = \pm\pi$，称 u 与 i 反相。$\varphi = \pm\dfrac{\pi}{2}$，称 u 与 i 正交。

注意：一般初相角 θ 和相位差 φ 的数值不超过 180°，即 $|\theta| \leq 180°$，$|\varphi| \leq 180°$。

二、正弦量的相量表示

正弦量与相量一一对应，其对应关系用双箭头表示，如
$$u = \sqrt{2} U \sin(\omega t + \theta) \leftrightarrow \dot{U} = U e^{j\theta} = U \underline{/\theta}$$

或 $u = U_m \sin(\omega t + \theta) \leftrightarrow \dot{U}_m = U_m e^{j\theta} = U_m \underline{/\theta}$

$i = \sqrt{2} I \sin(\omega t + \theta) \leftrightarrow \dot{I} = I e^{j\theta} = I \underline{/\theta}$

或 $i = I_m \sin(\omega t + \theta) \leftrightarrow \dot{I}_m = I_m e^{j\theta} = I_m \underline{/\theta}$

注意：相量表示正弦量，但不等于正弦量，两者之间只是时域和复频域之间的数学变换。

三、基尔霍夫定律的相量表示

1. KCL 的相量表示：$\sum \dot{I} = 0$ 或 $\sum \dot{I}_m = 0$

2. KVL 的相量表示：$\sum \dot{U} = 0$ 或 $\sum \dot{U}_m = 0$

四、三种基本元件伏安关系的相量形式

三种基本元件的伏安关系及功率关系如表 3.1.1 所示。

表 3.1.1 三种基本元件的伏安关系及功率关系

	电阻	电感	电容
电路	i R $\dot{U}$	i $j\omega L$ $\dot{U}$	i $\dfrac{1}{j\omega C}$ $\dot{U}$
VAR 相量形式	$\dot{U} = R\dot{I}$	$\dot{U} = j\omega L \dot{I}$	$\dot{I} = j\omega C \dot{U}$
VAR 大小关系	$U = RI$	$U = \omega L I$	$I = \omega C U$
相位关系	阻压同相	感压超前	容压滞后
功率因数角	0°	90°	−90°
相量图	$\dot{I}$ $\dot{U}$	$\dot{U}$ $\dot{I}$	$\dot{I}$ $\dot{U}$
有功功率 P	$P = UI = I^2 R = \dfrac{U^2}{R}$	$P = 0$	$P = 0$
无功功率 Q	$Q = 0$	$Q = UI = I^2 \omega L = \dfrac{U^2}{\omega L}$	$Q = -UI = -\dfrac{I^2}{\omega C} = -U^2 \omega C$

五、阻抗与导纳

1. 阻抗

在无源线性单口网络中，当 $\dot{U}$ 与 $\dot{I}$ 为关联参考方向时，定义阻抗为：$Z = \dfrac{\dot{U}}{\dot{I}}$，则 $Z_R = \dfrac{\dot{U}}{\dot{I}} = R$；$Z_L = \dfrac{\dot{U}}{\dot{I}} = j\omega L = jX_L$；$Z_C = \dfrac{\dot{U}}{\dot{I}} = \dfrac{1}{j\omega C} = -j\dfrac{1}{\omega C} = -jX_C$。

其中，$X_L = \omega L$，称为感抗；$X_C = \dfrac{1}{\omega C}$，称为容抗。这里阻抗 Z、感抗 X_L、容抗 X_C 的单位均为欧姆（Ω）。

2. 阻抗的串联

n 个阻抗串联时，等效阻抗为：

$$Z = Z_1 + Z_2 + \cdots + Z_i + \cdots + Z_n = \sum_{k=1}^{n} Z_k$$

阻抗串联常用于分压，其分压公式为：

$$\dot{U}_k = \dfrac{Z_k}{Z}\dot{U} = \dfrac{Z_k}{\sum\limits_{k=1}^{n} Z_k}\dot{U}$$

3. 两阻抗的并联

等效阻抗公式：$Z = \dfrac{Z_1 Z_2}{Z_1 + Z_2}$

两阻抗的分流公式：$\dot{I}_1 = \dfrac{Z_2}{Z_1 + Z_2}\dot{I}$，$\dot{I}_2 = \dfrac{Z_1}{Z_1 + Z_2}\dot{I}$

4. 导纳

当 $\dot{U}$ 与 $\dot{I}$ 为关联参考方向时，定义导纳为 $Y = \dfrac{\dot{I}}{\dot{U}}$，显然有 $Y = \dfrac{1}{Z}$，单位为西门子（S）。n 个导纳并联时，等效导纳为：$Y = Y_1 + Y_2 + \cdots + Y_n = \sum\limits_{k=1}^{n} Y_k$。其分流公式为：$\dot{I}_k = \dfrac{Y_k}{Y}\dot{I} = \dfrac{Y_k}{\sum\limits_{k=1}^{n} Y_k}\dot{I}$。

六、正弦稳态电路的功率

电压三角形、阻抗三角形、功率三角形为相似三角形，其中阻抗和功率不是相量，所以三角形的边不用画矢量箭头，它们之间的关系如图 3.1.1 所示。由电压三角形、阻抗三角形、功率三角形可得到彼此之间的关系式，如表 3.1.2 所示。表中，$\cos\varphi$ 称为功率因数，用 λ 表示，即 $\lambda = \cos\varphi$。

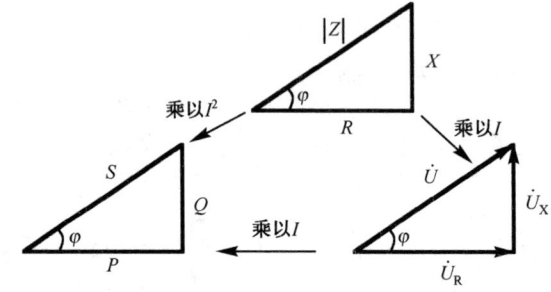

图 3.1.1　电压三角形、阻抗三角形、功率三角形的关系

表 3.1.2 计算关系式

功率△	电压△	阻抗△
$P = S\cos\varphi$	$U_R = U\cos\varphi$	$R = |Z|\cos\varphi$
$Q = S\sin\varphi$	$U_X = U\sin\varphi$	$X = |Z|\sin\varphi$
$S = \sqrt{P^2 + Q^2}$	$U = \sqrt{U_R^2 + U_X^2}$	$|Z| = \sqrt{R^2 + X^2}$
有功功率/W	$P = U_R I = UI\cos\varphi$	$P = I^2 R = I^2|Z|\cos\varphi$
无功功率/var	$Q = U_X I = UI\sin\varphi$	$Q = I^2 X = I^2|Z|\sin\varphi$
视在功率/VA	$S = UI$	$S = I^2|Z|$

七、交流电路的频率特性

1. 滤波电路

对信号频率具有选择性的电路称为滤波电路,滤波电路通常分为低通、高通、带通和带阻等多种。由 RC 组成的无源滤波电路特性如表 3.1.3 所示。表中 $f_H = f_L = f_0 = \dfrac{1}{2\pi RC}$。

表 3.1.3 滤波电路特性

种类	电 路	频率特性	幅频特性
低通		$\dot{A}_u = \dfrac{1}{1+j\dfrac{f}{f_H}}$	
高通		$\dot{A}_u = \dfrac{1}{1-j\dfrac{f_L}{f}}$	

续表

种类	电 路	频率特性	幅频特性
带通		$\dot{A}_u = \dfrac{1}{3+j\left(\dfrac{f}{f_0}-\dfrac{f_0}{f}\right)}$	

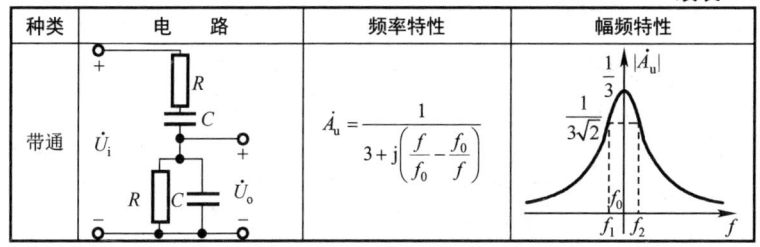

2. 谐振电路

若图 3.1.2 所示的含电抗元件的单端口网络的端口电压 $\dot{U}$ 与 $\dot{I}$ 同相,则称该电路发生了谐振。谐振时整个电路对外呈电阻性。谐振分为串联谐振和并联谐振,其特性比较如表 3.1.4 所示。

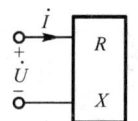

图 3.1.2 含电抗元件的单端口网络

表 3.1.4 串联谐振和并联谐振特性比较

	RLC 串联谐振	RLC 并联谐振
谐振频率	$f_0 = \dfrac{1}{2\pi\sqrt{LC}}$	$f_0 = \dfrac{1}{2\pi\sqrt{LC}}$
谐振阻抗	$Z = R$(最小)	$Z = R$(最大)
谐振电流	$\dot{I} = \dot{I}_0 = \dfrac{\dot{U}_S}{R}$(最大)	$\dot{I} = \dot{I}_0 = \dfrac{\dot{U}}{R}$(最小)
相量图		
特点	$U_L = U_C = QU_S \gg U_S$(电压谐振)	$I_L = I_C = QI_S \gg I_S$(电流谐振)
品质因数	$Q = \dfrac{\omega_0 L}{R} = \dfrac{1}{\omega_0 CR} = \dfrac{1}{R}\sqrt{\dfrac{L}{C}}$	$Q = \omega_0 CR = \dfrac{R}{\omega_0 L}$

八、三相电路

1. 三相电源

（1）Y 形连接中的线电压与相电压的关系为：

$$\begin{cases} \dot{U}_{AB} = \dot{U}_A - \dot{U}_B = \sqrt{3}\dot{U}_A \angle 30° \\ \dot{U}_{BC} = \dot{U}_B - \dot{U}_C = \sqrt{3}\dot{U}_B \angle 30° \\ \dot{U}_{CA} = \dot{U}_C - \dot{U}_A = \sqrt{3}\dot{U}_C \angle 30° \end{cases}$$

从上述公式可以看出，线电压有效值 U_L 为相电压有效值 U_P 的 $\sqrt{3}$ 倍，即 $U_L = \sqrt{3}U_P$，且线电压超前相电压 30° 角。

（2）△形连接中的线电压与相电压的关系为：

$$\begin{cases} u_{AB} = u_A \\ u_{BC} = u_B \\ u_{CA} = u_C \end{cases}$$

即 AB 的线电压与电源 A 相的相电压相等，BC 的线电压与电源 B 相的相电压相等，CA 的线电压与电源 C 相的相电压相等。

2. 负载星形连接的三相电路分析

在三相电路中，把流过每相负载上的电流称为相电流，用 I_P 表示，而流过相线上的电流称为线电流，用 I_L 表示。显然在 Y 形连接时，线电流等于相电流，其每相负载电流为：

$$\dot{I}_A = \frac{\dot{U}_A}{Z_A} \quad \dot{I}_B = \frac{\dot{U}_B}{Z_B} \quad \dot{I}_C = \frac{\dot{U}_C}{Z_C}$$

当三相负载阻抗相等，即 $Z_A = Z_B = Z_C = Z$ 时，只需求出其中一个相电流，其余两相的相电流大小相等，相位彼此相差 120°。

对称负载的相电流有效值为：$I_P = I_L = \dfrac{U_P}{|Z|}$

3. 负载三角形连接的三相电路分析

当三相负载对称时，即 $Z_A = Z_B = Z_C$ 时，由于电源对称，所以 3 个相电流对称，3 个线电流也对称，其线电流与相电流的关系为：

$$\begin{cases} \dot{I}_A = \dot{I}_{AB} - \dot{I}_{CA} = \sqrt{3}\dot{I}_{AB} \angle -30° \\ \dot{I}_B = \dot{I}_{BC} - \dot{I}_{AB} = \sqrt{3}\dot{I}_{BC} \angle -30° \\ \dot{I}_C = \dot{I}_{CA} - \dot{I}_{BC} = \sqrt{3}\dot{I}_{CA} \angle -30° \end{cases}$$

由上式可知，线电流的有效值 I_L 是相电流有效值 I_P 的 $\sqrt{3}$ 倍，即 $I_L = \sqrt{3}I_P$，线电流滞后相电流 30° 角。

3.2 本章重点与难点

1. 正弦量及三要素，相位差的概念
2. 相量的概念及与正弦量的关系
3. KCL、KVL 的相量形式
4. R、L、C 元件 VAR 的相量形式
5. 阻抗和导纳的定义及含义
6. 一般正弦稳态电路的分析方法
7. 有功功率、无功功率、视在功率、功率因数的概念及计算
8. 提高功率因数的意义及方法
9. 滤波电路的基础知识与分析
10. 串并联谐振概念及工作特点
11. 对称三相电路的连接方式和分析计算方法

3.3 重点分析方法与步骤

一、采用相量法分析正弦稳态电路的步骤

（1）把正弦量变换为相量，电路元件参数用阻抗或导纳表示，画出相量模型。

（2）选择一种适当的求解方法，如支路电流法、节点分析法、叠加定理、戴维南定理等，列出电路相量方程。

（3）解方程求得所需的电压、电流相量。

（4）必要时，将求得的电压、电流相量表示为三角函数式。

另外，还可以对某些电路画相量图，通过相量图中相量的几何关系进行辅助计算。

二、有功功率的计算及功率因数的提高

在交流电路中通常含有电容和电感，从而导致电压、电流的相位不同，所以交流电路的有功功率 $P = UI\cos(\theta_u - \theta_i) = UI\cos\varphi$，其中功率因数 $\cos\varphi = \dfrac{P}{UI} = \dfrac{P}{S}$ 反映了有功功率占视在功率的比重，为充分利用电源设备的容量，总是尽量提高功率因数。对于感性负载而言，通常是并联电容，用电容的无功功率补偿电感的无功功率，减少电源的无功功率，从而提高电路的功率因数。另外，由 $I = \dfrac{P}{U\cos\varphi}$ 可知，并联电容后，P 和 U 不会改变，当 $\cos\varphi$ 提高时，线路上的电流 I 减少，从而减少了线路损耗。

三、谐振条件的计算

在电子电路中，通常将电流与电压同相位、电路呈电阻性的工作状态称为电路发生了谐振。因此，当求某一电路或端口发生谐振的条件或参数时，先求出该电路或端口的阻抗和导纳，再令其虚部为零得出谐振条件，由此条件得出对应的参数。同时，还可以利用谐振特性求出谐振时各元件上的电流、电压值。若一端口只有 L 和 C 发生串联谐振时，其端口阻抗为零，相当于短路；若 L 和 C 发生并联谐振时，其端口导纳为零，相当于开路。

3.4 填空题和选择题

一、填空题

3.4.1 正弦交流电流 $i = 14.14\sin(314t + 30°)$A 的有效值为_____，周期为_____，初相为_____。

3.4.2 某电路中的电压相量为 $(3 + j4)$V，$\omega = 2\,\text{rad/s}$，则其对应的时间函数式为 $u(t) = $ _____ V。

3.4.3 一阻抗 $Z = (4 - j3)\Omega$ 接于 220V 交流电源上，这是_____（感性、容性、电阻性）电路，电流 $I = $ _____A。

3.4.4 两个串联元件的两端电压有效值分别为 6V 和 8V。若这两个元件是电阻和电感，则总电压的有效值为_____V；若这两个元件是电容和电感，则总电压的有效值为_____V。

3.4.5 只有当两个正弦量的频率_____时，才可以画在同一复平面上。

3.4.6 在 RLC 串联正弦稳态电路中，已知端口总电压为 $\dot{U} = 50\underline{/53.1°}$V，电感电压为 60V，则电阻电压为_____V，电容电压为_____V。

3.4.7 在 RLC 串联电路中，已知 $R = 4\Omega$，$X_L = 4\Omega$，$X_C = 7\Omega$，电源电压 $u = 220\sqrt{2}\sin(314t)$V，则电路中的电流有效值为_____A，有功功率为_____W。

3.4.8 一台家用电器接在 220V 的线路上使用，若功率为 990W，功率因数为 0.9，则电流为_____。

3.4.9 在感性负载两端并联电容（若并联电容后仍为感性负载），则线路上的总电流将_____（减小、增加、不变），负载电流将_____（减小、增加、不变），线路上的功率因数将_____（提高、降低）。

3.4.10 某频率为 50Hz 的正弦交流电路中接入一个 1kW 的感性

负载，其功率因数为0.6，负载电压为220V，若要使该电路的功率因数提高到1，则并联的电容 $C = $ _____。

3.4.11　已知某正弦交流电路的有功功率 $P = 16$kW，功率因数 $\lambda = 0.8$（超前），则电路的视在功率 $S = $ _____ kVA，无功功率 $Q = $ _____ kvar。

3.4.12　滤波器在电子系统中的应用十分广泛，某普通电话机电路需要传输 100～3400Hz 的音频信号，需要选用 _____ 滤波器，医用心电图测试仪需要抑制 50Hz 的交流电源干扰，需要选用 _____ 滤波器。

3.4.13　在RLC并联电路中，当交流电压的有效值不变，频率增高时，I_R _____（减小、增加、不变），I_C _____（减小、增加、不变），I_L _____（减小、增加、不变）。

3.4.14　在RLC串联电路中，当电源角频率 $\omega = \omega_0 = \dfrac{1}{\sqrt{LC}}$ 时，则该电路呈_____性，当 $\omega < \omega_0$ 时则电路呈_____性。

3.4.15　在RLC并联电路中，当 $f_0 = $ _____ 时，电路呈现谐振现象，谐振时 _____ 最大，_____ 最小。

3.4.16　在RLC串联电路中，已知 $R = 0.5\Omega$，$C = 0.5$F，$L = 2$H，则串联谐振角频率 $\omega_0 = $ _____ rad/s，品质因数 $Q = $ _____。

3.4.17　已知 $R = X_L = X_C = 10\Omega$，则三者串联后的等效阻抗模为 _____ Ω。

3.4.18　对称三相电路中，负载为三角形连接时，线电压 U_L 与相电压 U_P 的关系是 _____；线电流 I_L 与相电流 I_P 的关系是 _____，线电流超前相电流 _____ 角。

3.4.19　对称三相电路中，负载为星形连接时，线电压 U_L 与相电压 U_P 的关系是 _____；线电流 I_L 与相电流 I_P 的关系是 _____，线电压 _____ 相电压30°。

二、选择正确答案填空

3.4.20　已知电压 $u(t) = 5\sin(6\pi t + 10°)$V，电流 $i(t) = 5\cos(6\pi t - 15°)$A，电压与电流的相位差是 _____。
A. i 超前 u 65°　B. u 超前 i 65°　C. u 超前 i 25°　D. i 超前 u 25°

3.4.21　如果两个同频率的正弦电流在任一瞬时都相等，则两者一定是 _____。
A. 相位相同　　　　　　　B. 幅值相等
C. 相位相同且幅值相等

3.4.22　下列基尔霍夫定律的数学形式错误的是 _____。

A. $\sum\limits_{k=1}^{n} i_k(t) = 0$，$\sum\limits_{k=1}^{n} u_k(t) = 0$

B. $\sum\limits_{k=1}^{n} \dot{I}_k = 0$，$\sum\limits_{k=1}^{n} \dot{U}_k = 0$

C. $\sum\limits_{k=1}^{n} I_k = 0$，$\sum\limits_{k=1}^{n} U_k = 0$

D. 直流电路中，$\sum\limits_{k=1}^{n} I_k = 0$，$\sum\limits_{k=1}^{n} U_k = 0$

3.4.23　下列各关系式组错误的是 _____。
A. $\dot{U} = R\dot{I}$，$U = RI$，$\theta_u = \theta_i$
B. $\dot{I} = j\omega C \dot{U}$，$I = \omega CU$，$\theta_i = \theta_u + 90°$
C. $\dot{U} = j\omega L \dot{I}$，$U = \omega LI$，$\theta_u = \theta_i + 90°$
D. $u_R(t) = Ri_R(t)$，$i_C(t) = C\dfrac{du_C(t)}{dt}$，$i_L(t) = L\dfrac{du_L(t)}{dt}$

3.4.24　RLC串联电路中，下列各式中正确的是 _____。
A. $U = U_R + U_C + U_L$　　　B. $U = \sqrt{U_R^2 + U_L^2 + U_C^2}$
C. $U = \sqrt{U_R^2 + (U_L + U_C)^2}$　　D. $\dot{U} = \dot{U}_R + \dot{U}_L + \dot{U}_C$

3.4.25 在某一频率时,测得某些电路的阻抗,确认为正确的是_____。
   A. RC 电路 $Z = (5 + j2)\Omega$
   B. RL 电路 $Z = (5 - j7)\Omega$
   C. RLC 电路 $Z = (2 - j3)\Omega$
   D. LC 电路 $Z = (3 + j3)\Omega$

3.4.26 某电路的等效导纳为 $Y = (0.12 + j0.16)S$,则它的等效阻抗 $Z =$ _____。
   A. $8.33 + j6.25\Omega$
   B. $6.25 + j8.33\Omega$
   C. $3 + j4\Omega$
   D. $3 - j4\Omega$

3.4.27 _____在 $f = 0$ 和 $f = \infty$ 时,电压增益都等于零;_____的直流电压增益就是它的通带增益;在理想情况下,_____在 $f = \infty$ 时的电压增益就是它的通带电压增益。
   A. 高通滤波电路
   B. 低通滤波电路
   C. 带通滤波电路
   D. 带阻滤波电路

3.4.28 在 RLC 串联电路中,测得谐振时电阻两端电压为12V,电感两端电压为16V,则电路总电压是_____。
   A. 12V   B. 20V   C. 28V   D. 4V

3.4.29 三相四线制交流电路中的中线作用是_____。
   A. 保证三相负载对称
   B. 保证三相电压对称
   C. 保证三相电流对称
   D. 保证三相功率对称

3.4.30 三相稳态电路对称的条件是_____。
   A. 三相电源大小相等,三相负载大小相等
   B. 三相电源大小相等且相位相同,三相负载大小相等、相位相同
   C. 三相电源大小相等,彼此相位差120°,三相负载大小相等、相位相同

3.4.31 在三相四线制电路中,已知 $\dot{I}_A = 0.5\underline{/-30°}$A,$\dot{I}_B = 0.5\underline{/-150°}$A,$\dot{I}_C = 0.5\underline{/90°}$A,则中线电流 $\dot{I}_N =$ _____。
   A. 0.5A   B. 0A   C. $0.5\sqrt{2}$A   D. $0.5\sqrt{3}$A

3.5 习题3

3.5.1 已知正弦电压 $u = 10\sin(314t - \theta)\text{V}$，当 $t = 0$ 时，$u = -5\text{V}$。求出电压有效值、频率、周期和初相，并画波形图。

解：

3.5.2 正弦电流 i 的波形如图3.5.1所示，写出其瞬时值表达式。

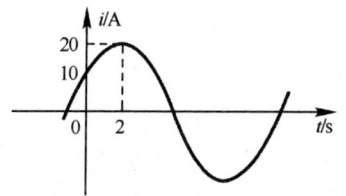

解：

图 3.5.1　习题 3.5.2 图

3.5.3 正弦电流 $i_1 = 5\cos(3t - 120°)\text{A}$，$i_2 = \sin(3t + 45°)\text{A}$。求两电流的相位差，说明超前滞后关系。

解：

3.5.4 正弦电流和电压分别为：
（1）$u_1 = 3\sqrt{2}\sin(4t + 60°)\text{V}$
（2）$u_2 = 5\cos(4t - 75°)\text{V}$
（3）$i_1 = -2\sin(4t + 90°)\text{A}$
（4）$i_2 = -5\sqrt{2}\cos(4t + 45°)\text{A}$

写出其有效值相量，画出相量图。

解：

3.5.5 图 3.5.2 中，已知 $i_1 = 2\sqrt{2}\sin(2t + 45°)\text{A}$，$i_2 = 2\sqrt{2}\cos(2t + 45°)\text{A}$，求 i_S。

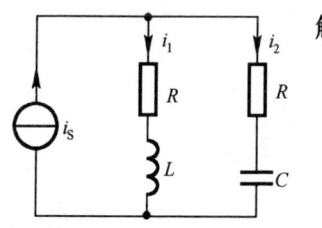

解：

图 3.5.2　习题 3.5.5 图

姓名＿＿＿＿＿＿　学号＿＿＿＿＿＿　班级＿＿＿＿＿＿　序号＿＿＿＿＿＿

3.5.7 图 3.5.4 中，$i = 2\sqrt{2}\sin(10t+30°)\text{A}$，求电压 u。

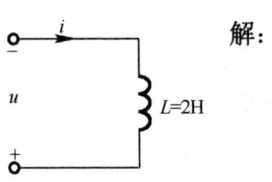

解：

图 3.5.4　习题 3.5.7 图

3.5.6 图 3.5.3 中，已知 $u_1 = 4\sin(t+150°)\text{V}$，$u_2 = 3\sin(t-90°)\text{V}$，求 u_S。

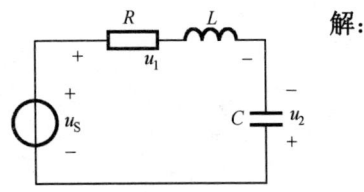

解：

3.5.8 某线圈电阻可以忽略，其电感为 0.01H，接于电压为 220V 的工频交流电源上时，求电路中电流的有效值；若电源频率改为 100 Hz，重新求电流的有效值，并写出电流的瞬时表达式。

解：

图 3.5.3　习题 3.5.6 图

3.5.9 求图 3.5.5 中电流表和电压表的读数。

3.5.10 求图 3.5.6 所示电路 ab 端的等效阻抗 Z 及导纳 Y。

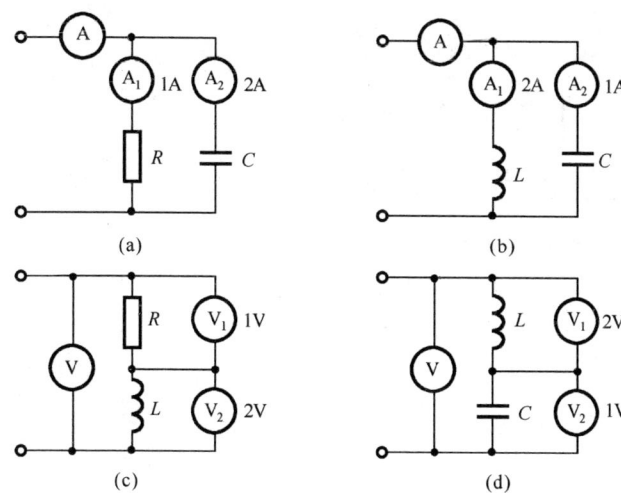

图 3.5.5 习题 3.5.9 电路图

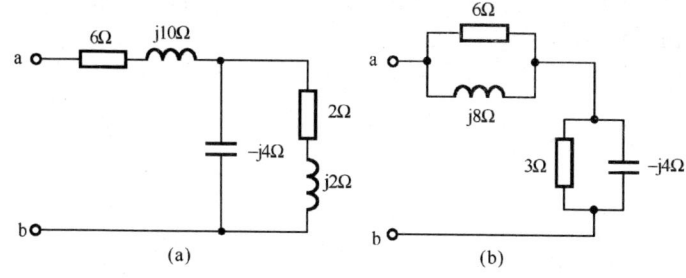

图 3.5.6 习题 3.5.10 电路图

解：

解：

3.5.11 在图 3.5.7 所示电路中，已知 $u = 220\sqrt{2}\sin(314t)$V，$i = 10\sqrt{2}\sin(314t+60°)$A，求电阻 R 及电容 C。

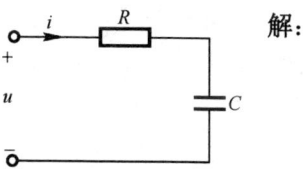

解：

图 3.5.7 习题 3.5.11 电路图

3.5.12 当一个电感线圈接在30V的直流电源上时，其电流为1A，如果接30V、50 Hz的正弦交流电源时，其电流为0.6A，求线圈的电阻和电感。

解：

3.5.14 求图3.5.9所示电路的各支路电流。

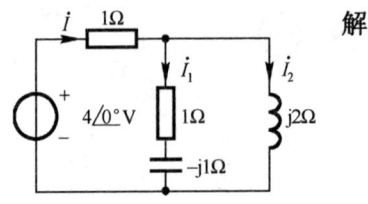

图3.5.9 习题3.5.14 电路图

解：

3.5.13 已知 $u_S = 2\sin(100\,t)\text{V}$，试求图3.5.8中的电压$u$。

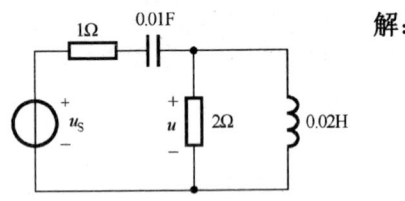

图3.5.8 习题3.5.13 电路图

解：

3.5.15 已知图 3.5.10 中的 $U_R = U_L = 10\text{V}$，$R = 10\Omega$，$X_C = 10\Omega$，求 $\dot{I}_S$。

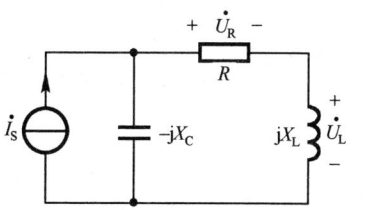

图 3.5.10 习题 3.5.15 电路图

解：

3.5.16 已知图 3.5.11 中的 $u_C = 5\sin(4t - 90°)\text{V}$，求 i、u_R、u_L 及 u_S，并画相量图。

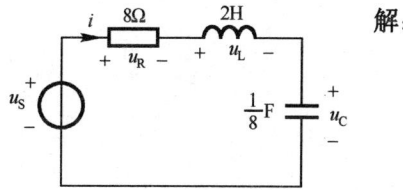

图 3.5.11 习题 3.5.16 电路图

解：

3.5.17 用支路电流法求图 3.5.12 中各支路的电流。

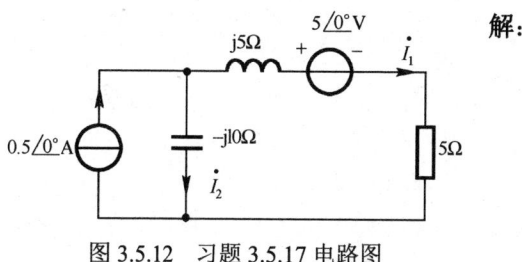

图 3.5.12 习题 3.5.17 电路图

解：

3.5.18 用叠加定理计算图 3.5.13 中的电压 $\dot{U}$。

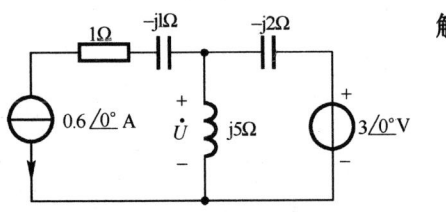

图 3.5.13 习题 3.5.18 电路图

解：

3.5.19 已知 $u_{S1}=8\sqrt{2}\sin(4t)\text{V}$，$u_{S2}=3\sqrt{2}\sin(4t)\text{V}$，试用戴维南定理求图 3.5.14 中的电流 i。

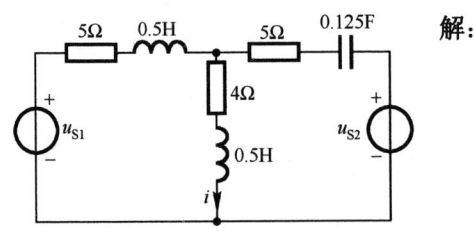

图 3.5.14 习题 3.5.19 电路图

解：

3.5.20 在图 3.5.15 所示电路中，已知 $u_S = -4\sqrt{2}\cos t(\text{V})$，求 i、u 及电压源提供的有功功率。

解：

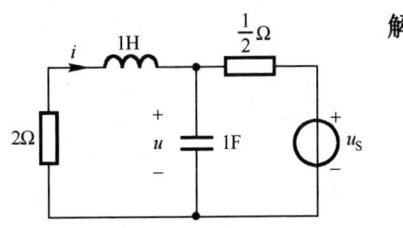

图 3.5.15 习题 3.5.20 电路图

3.5.21 日光灯可以等效为一个 RL 串联电路，已知 30W 日光灯的额定电压为 220V。灯管电压为 75V。若镇流器上的功率损耗可以略去，试计算电路的电流及功率因数。

解：

3.5.22 求图 3.5.16 所示电路中网络 N 的阻抗、有功功率、无功功率、功率因数和视在功率。

解：

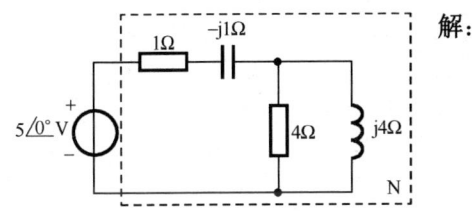

图 3.5.16 习题 3.5.22 电路图

姓名________________ 学号________________ 班级________________ 序号________________

3.5.23 某一供电站的电源设备容量是30kVA，它为一组电机和一组40W的白炽灯供电，已知电机的总功率为11kW，功率因数为0.55，试问：白炽灯可接多少只？电路的功率因数为多少？

解：

3.5.24 图3.5.17 所示电路中，已知正弦电压为$U_S = 220V$，$f = 50Hz$，其功率因数$\cos\varphi = 0.5$，额定功率$P = 1.1kW$。求：（1）并联电容前通过负载的电流$\dot{I}_L$及负载阻抗Z；（2）为了提高功率因数，在感性负载上并联电容，如虚线所示，要把功率因数提高到1，应并联多大电容，并求并联电容后线路上的电流I。

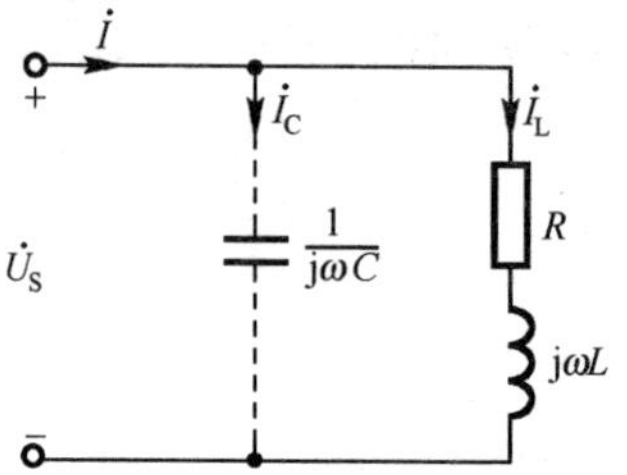

图3.5.17 习题3.5.24 电路图

解：

3.5.25 在下列各种情况下，应分别采用哪种类型（低通、高通、带通、带阻）的滤波电路。

（1）希望抑制 50Hz 交流电源的干扰；
（2）希望抑制 500Hz 以下的信号；
（3）有用信号频率低于 500Hz；
（4）有用信号频率为 500Hz。

解：

3.5.26 电路如图 3.5.18 所示，图中 $C=0.1\mu F$，$R=5k\Omega$。（1）确定其截止频率；（2）画出幅频响应的渐进线和−3dB 点。

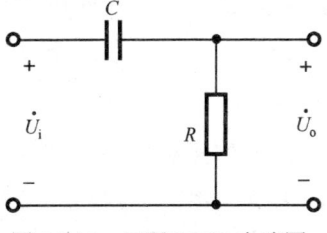

图 3.5.18　习题 3.5.26 电路图

解：

3.5.27 RC 带阻滤波电路如图 3.5.19 所示，试推导 $\dot{A}_u = \dfrac{\dot{U}_o}{\dot{U}_i}$ 的表达式，并画出幅频特性和相频特性曲线。

解：

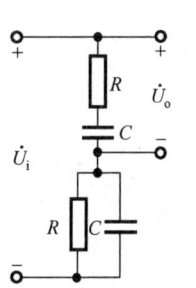

图 3.5.19　习题 3.5.27 电路图

3.5.28 图 3.5.20 为移相器电路，在测试控制系统中广泛应用。图中的 R_1 为可调电位器，当调节 R_1 时，输出电压 $\dot{U}_o$ 的相位可在一定范围内连续可变，试求电路中 R_1 变化时，输入输出电压之间相位差的变化范围。

解：

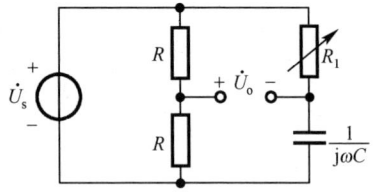

图 3.5.20 习题 3.5.28 电路图

3.5.29 图 3.5.21 是 RLC 串联电路，$u_S = 4\sqrt{2}\sin(\omega t)\text{V}$。求谐振频率、品质因数、谐振时的电流和电阻、电感及电容两端的电压。

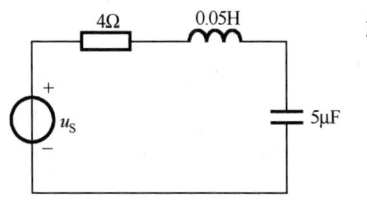

解：

图 3.5.21 习题 3.5.29 电路图

3.5.30 图 3.5.22 所示电路已工作在谐振状态，已知 $i_S = 3\sqrt{2}\sin(\omega t)\text{A}$，求：（1）电路的固有谐振角频率 ω_0；（2）i_R、i_L 及 i_C。

解：

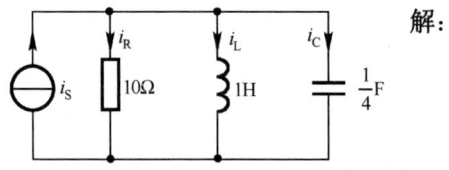

图 3.5.22 习题 3.5.30 电路图

3.5.32 图3.5.24所示对称电路，已知$Z = (2+j2)\Omega$，$\dot{U}_A = 220\underline{/0°}$V，求每相负载的相电流及线电流。

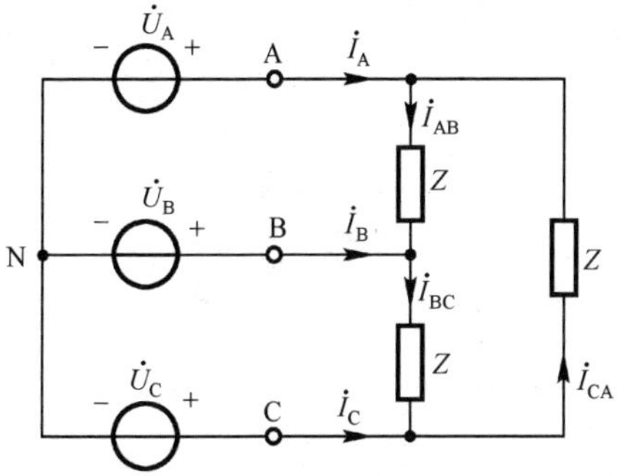

解：

图3.5.24 习题3.5.32 电路图

3.5.31 图3.5.23所示谐振电路中，$u_S = 20\sqrt{2}\sin(1000t)$V，电流表读数是20A，电压表读数是200V，求$R$、$L$、$C$的参数值。

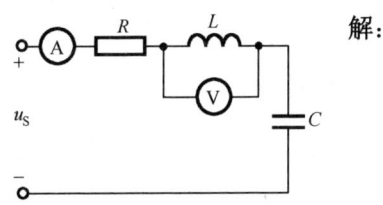

解：

图3.5.23 习题3.5.31 电路图

3.5.33 在图 3.5.25 所示对称三相电路中，已知电源正相序且 $\dot{U}_{AB} = 380\angle 0°\text{V}$，每相阻抗 $Z = (3+j4)\Omega$，求各相电流值。

3.5.34 在图 3.5.26 所示对称三相电路中，已知 $\dot{U}_{AB} = 380\angle 0°\text{V}$，$Z_1 = 10\angle 60°\Omega$，$Z_2 = (4+j3)\Omega$，求电流表的读数。

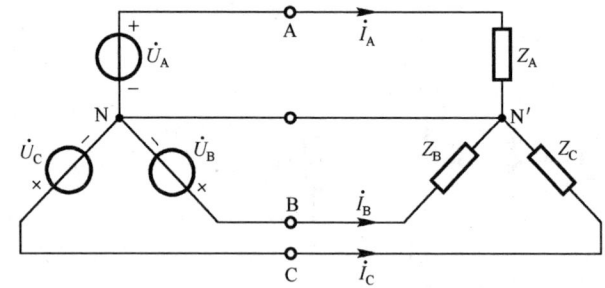

图 3.5.25 习题 3.5.33 电路图

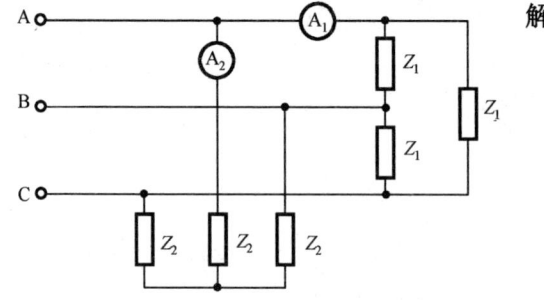

图 3.5.26 习题 3.5.34 电路图

解：

解：

第4章 模拟集成运算放大器及其应用

4.1 知识要点总结

一、放大电路的基本概念及性能指标

1. 放大电路的基本概念

模拟电子电路是指包含电子管、晶体管、场效应管、运算放大器等有源器件,并完成一定功能的电路。放大是指在有源器件的控制下实现能量的转换。放大电路的功能是将微弱的电信号不失真地放大到所需的值。

2. 放大电路的模型和性能指标

放大电路可视为双口网络。根据输入输出量的不同,可将放大电路分为电压放大、电流放大、互阻放大和互导放大4种电路形式。

放大电路的性能指标主要包括增益、输入电阻、输出电阻、通频带、非线性失真、功率和效率等。

二、模拟集成运算放大器组成及特点

1. 模拟集成运算放大器组成

模拟集成运算放大器是高性能的直接耦合集成电压放大电路,通常由输入级、中间级、输出级和偏置电路4部分电路组成。

2. 差分的基本概念

模拟集成运算放大电路的输入级通常由差分放大电路组成。它有两个输入信号,当这两个输入信号相等时,集成运算放大器无输出信号,只有当两个输入信号有差异时,电路才有输出信号,故称为差分放大电路。

为了分析的方便,定义共模信号 u_{ic} 和差模信号 u_{id}。

设输入信号分别为 u_{i1}、u_{i2},则共模信号为:$u_{ic} = \dfrac{u_{i1} + u_{i2}}{2}$,差模信号为:$u_{id} = u_{i1} - u_{i2}$。

差分放大电路可用差模放大倍数 A_{od} 和共模抑制比 K_{CMR} 等参数描述其电路的性能。共模抑制比 K_{CMR} 是非常重要的参数,它表明差分放大电路对共模信号的抑制能力。

3. 集成运算放大电路的电压传输特性

集成运算放大电路的电压传输特性是指输出电压与输入电压的关系曲线,即 $u_o = f(u_{id})$,如图4.1.1所示。

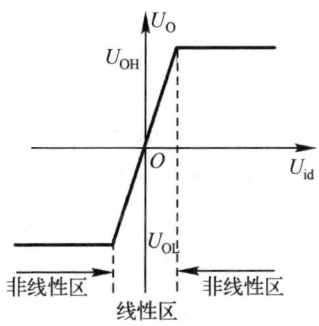

图 4.1.1 集成运放的电压传输特性

三、理想集成运算放大电路

1. 理想集成运算放大电路的特点

所谓理想运放,就是将集成运放的性能指标理想化,即
(1)开环差模电压增益 $A_{od} = \infty$

（2）开环差模输入电阻　$r_{id} = \infty$
（3）开环输出电阻　$r_o = 0$
（4）共模抑制比　$K_{CMR} = \infty$
（5）转换速率　$S_R = \infty$

一个理想运放可看成一个差模电压 u_{id} 控制的受控电压源。

2．理想集成运算放大电路工作在线性区的特点

当运放工作在线性区，即输出电压与输入电压呈线性关系时，具有两个主要特点。

（1）$u_+ = u_-$ （"虚短"）

（2）$i_- = i_+ = \dfrac{u_{id}}{r_{id}} \approx 0$ （"虚断"）

"虚短"和"虚断"是两个非常重要的概念，是分析工作在线性区的理想运放应用电路中输入与输出函数关系的基本关系式。集成运放必须引入深度负反馈，才能保证其工作在线性区，工作在线性区的应用电路主要包括运算电路、有源滤波电路等。

3．理想集成运算放大电路工作在非线性区的特点

当运放工作在非线性区，具有如下两个主要特点。

（1）$u_o = \begin{cases} u_{OH}, & u_+ > u_- \\ u_{OL}, & u_+ < u_- \end{cases}$

（2）$i_- = i_+ = 0$

四、基本运算电路

理想运放组成的基本运算电路如表 4.1.1 所示。

五、电压比较器

功能：比较两个电压的大小，并可将任意形状和幅值的波形整形为矩形波。

表 4.1.1　理想运放组成的基本运算电路

电路名称	电路结构	基本运算关系
反相比例电路		$A_{uf} = \dfrac{u_o}{u_i} = -\dfrac{R_f}{R_1}$ $R_{if} = R_1$，$R_{of} = 0$
同相比例电路		$A_{uf} = \dfrac{u_o}{u_i} = 1 + \dfrac{R_f}{R_1}$ $R_{if} = \infty$，$R_{of} = 0$
反相加法电路		$u_o = -R_f \left(\dfrac{u_{i1}}{R_1} + \dfrac{u_{i2}}{R_2} + \dfrac{u_{i3}}{R_3} \right)$
同相加法电路		$u_o = \left(1 + \dfrac{R_f}{R_4} \right)$ $(K_1 u_{i1} + K_2 u_{i2} + K_3 u_{i3})$ $R = R_1 // R_2 // R_3$ 式中 $K_1 = R/R_1$ $K_2 = R/R_2$ $K_3 = R/R_3$

(续表)

电路名称	电路结构	基本运算关系
减法电路	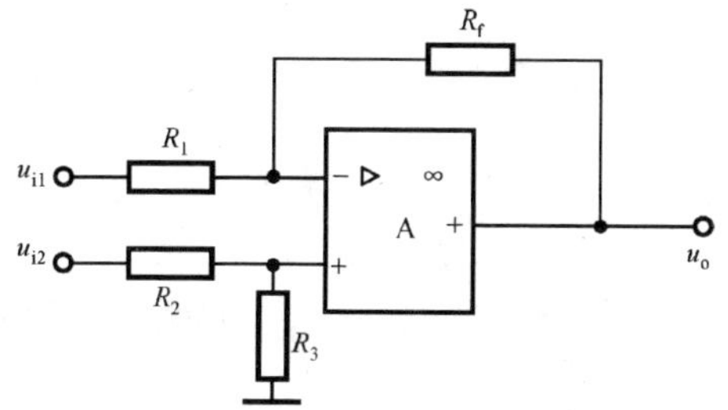 (电路图：R_f 反馈，R_1、R_2、R_3，运放 A)	当电阻满足条件 $R_f/R_1 = R_3/R_2$ 时，$u_o = -\dfrac{R_f}{R_1}(u_{i1} - u_{i2})$
反相积分电路	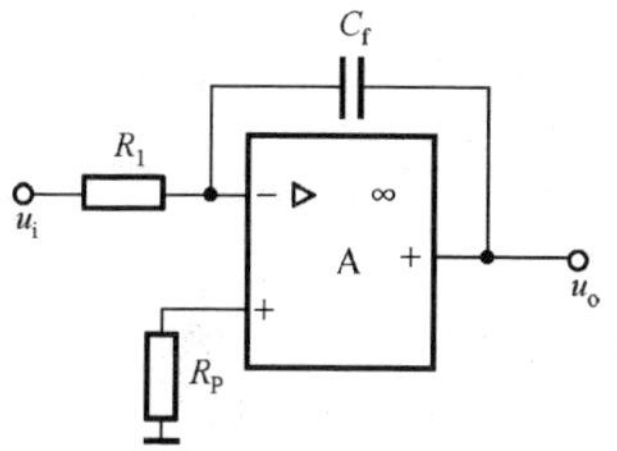 (电路图：C_f 反馈，R_1、R_p，运放 A)	$u_o = -\dfrac{1}{R_1 C_f}\int u_i \, dt$
反相微分电路	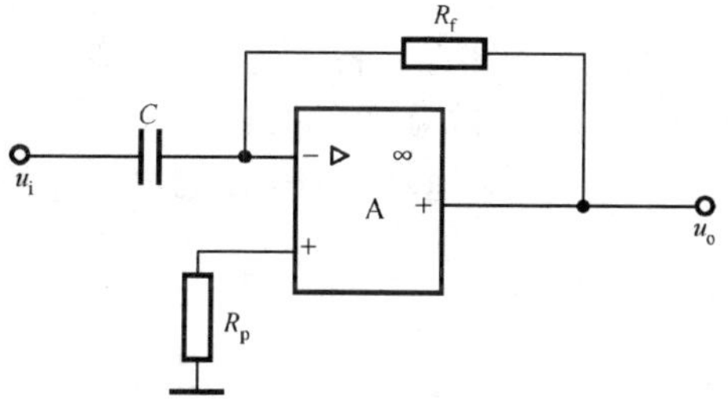 (电路图：R_f 反馈，C、R_p，运放 A)	$u_o = -R_f C \dfrac{du_i}{dt}$

运放工作状态：通常为开环或正反馈状态，输出只有高、低两种电平，因此集成运放工作在非线性区。

比较器分类：

（1）按进行比较的电压 u_i 与参考电压 U_{REF} 接入方式不同，分为串联型和并联型。串联型 u_i 与 U_{REF} 从运放的不同输入端输入，并联型 u_i 与 U_{REF} 从运放的同一个输入端输入。

（2）按 u_i 的输入端子不同，分为同相输入和反相输入。同相输入 u_i 接运放的同相端，反相输入 u_i 接运放的反相端。

（3）按门限电压的不同，可分为单门限电压比较器、迟滞电压比较器和窗口电压比较器等。单门限电压比较器灵敏度高，抗干扰能力差；迟滞电压比较器抗干扰能力强，但灵敏度较低。

4.2 本章重点与难点

1. 放大的基本概念和放大电路的性能指标
2. 集成运放的组成和理想集成运放的特性
3. 利用虚短、虚断的概念分析由集成运放组成的各种运算电路
4. 各种电压比较器的特点，电压传输特性曲线的绘制

4.3 重点分析方法与步骤

一、运算电路的分析方法

1. 利用"虚短"和"虚断"进行分析

（1）根据电路结构判断运放是否工作在线性区，若除运放外还有其他的元器件连接输出和反相输入端，则判断运放工作在线性区，可应用"虚短"和"虚断"。

（2）利用 KCL 列写节点电流方程 $\sum i = 0$。注意，不要列写运放输出端所接的节点方程，因为输出电流未知。

（3）将"虚断" $i_- = i_+ = 0$ 和"虚短" $u_+ = u_-$ 的关系式代入节点电流方程，求运算电压的运算关系式。

2. 利用叠加定理进行分析

由于许多运算电路都是在反相比例电路、同相比例电路或积分电路

的基础上发展起来的,所以在分析方法上,除可以采用"虚短"和"虚断"进行分析外,还可以采用叠加定理进行分析,具体分析步骤如下:

(1)保留其中任一输入电压,令其他输入电压为零。

(2)利用同相比例电路、反相比例电路或积分电路的基本关系式,求出任一输入电压作用时的输出电压。

(3)根据电路的"叠加定理",求出电路总的运算关系。

二、绘制电压比较器的电压传输特性的步骤和方法

绘制电压传输特性的3个要素是:门限电压U_{TH}、高低电平U_{OH}、U_{OL}和状态的翻转方向。分析步骤如下:

(1)根据电路的结构判断电压比较器的类型。若电路是开环的,则是简单电压比较器。简单电压比较器只有一个门限电压。若存在正反馈,就是迟滞电压比较器,它有两个门限电压。

(2)求门限电压U_{TH}。电压比较器不具有"虚短"的特性,但在电路的输出状态发生变化的瞬间,集成运放的同相和反相端的电压相等,所以令$u_+ = u_-$求出输入电压u_i,该u_i即为门限电压U_{TH}。

(3)确定输出电压的高低电平U_{OH}、U_{OL}。若输出端无稳压二极管限幅, $u_o \approx \pm V_{CC}$;若输出端接有双向稳压二极管,则$u_o \approx \pm U_Z$。

(4)确定输出状态发生变化时的方向:

① 同相输入的比较器,$u_o = U_{OH}$时,曲线水平部分往横轴的正方向延伸,$u_o = U_{OL}$时,曲线水平部分往横轴的负方向延伸。

② 反相输入的比较器,$u_o = U_{OH}$时,曲线水平部分往横轴的负方向延伸,$u_o = U_{OL}$时,曲线水平部分往横轴的正方向延伸。

4.4 填空题和选择题

一、填空题

4.4.1 放大电路有_____、_____、_____、_____四种电路形式。

4.4.2 某放大电路的上下限截止频率分别为20Hz和100kHz,则通频带$f_{BW} \approx$_____。

4.4.3 集成运算放大电路的输入级通常为差分电路,主要是为了_____。

4.4.4 理想集成运放的$A_{od} =$_____,差模输入电阻$r_{id} =$_____,差模输出电阻$r_{od} =$_____,共模抑制比$K_{CMR} =$_____。

4.4.5 某集成运放的共模抑制比$K_{CMR} = 1000$,则表示为分贝$20\lg|K_{CMR}| =$_____dB。

4.4.6 电压跟随器的输出电压u_o_____输入电压u_i,即电压增益$A_{uf} =$_____。

4.4.7 一放大电路的中频增益为60dB,则在截止频率处,实际的增益为_____dB。

4.4.8 _____比例运算电路中,运放的反相输入端为虚地,而_____比例运算电路中,运放的两个输入端对地电压基本上等于输入电压。

4.4.9 _____比例运算电路的特例是电压跟随器,它具有输入电阻大和输出电阻小的特点,常用做缓冲器。

4.4.10 流过_____求和电路反馈电阻的电流等于各输入电流的代数和。

4.4.11 简单电压比较器只有_____个门限电压,而迟滞比较器则有_____个门限电压值。

4.4.12 若希望在$u_i < +3V$时,u_o有高电平,而在$u_i > +3V$时,u_o有低电平,则可以采用_____输入的单门限电压比较器。

4.4.13 设集成运放的最高输出电压为$\pm U_{om}$,则由它组成的运算电路的电压输出范围为_____,电压比较器的输出为_____。

二、选择正确的答案填空

4.4.14 与工作在电压比较器中的运放不同，运算电路中的运放通常工作在_____。

　A．开环　　　　B．深度负反馈状态　　C．正反馈状态

4.4.15 已知输入信号 $u_{i1}=30\text{mV}$，$u_{i2}=10\text{mV}$，则共模信号 u_{ic} 和差模信号 u_{id} 分别为_____。

　A．20mV　10mV　　　　　　B．40mV　20mV
　C．20mV　20mV　　　　　　D．40mV　10mV

4.4.16 当集成运放工作在线性放大状态时，可运用_____两个重要的概念。

　A．开环和闭环　　　　　B．虚短和虚断
　C．虚短和虚地　　　　　D．线性和非线性

4.4.17 某放大电路在负载开路时的输出电压为 4V，接入 12kΩ 的负载电阻后，输出电压降为 3V，则放大电路的输出电阻为_____。

　A．10kΩ　　　B．4kΩ　　　C．3kΩ　　　D．2kΩ

4.4.18 某放大电路负载开路时，输出电压为 4V，负载短路时，输出电流为 10mA，则该电路的输出电阻为_____。

　A．200Ω　　　B．300Ω　　　C．400Ω　　　D．500Ω

4.4.19 实现 $u_o=-(u_{i1}+u_{i2})$ 的运算，应采用_____运算电路。

　A．反相比例　　B．反相积分　　C．减法　　D．反相加法

4.4.20 集成运算放大器实质上是一种_____。

　A．高增益的直接耦合电压放大器
　B．高增益的阻容耦合电压放大器
　C．高增益的直接耦合电流放大器
　D．高增益的阻容耦合电流放大器

4.4.21 与迟滞电压比较器相比，单门限电压比较器_____。

　A．灵敏度高，抗干扰能力差　　B．灵敏度低，抗干扰能力差
　C．灵敏度高，抗干扰能力强　　D．灵敏度低，抗干扰能力强

4.4.22 与单门限电压比较器相比，迟滞电压比较器_____。

　A．抗干扰能力差，灵敏度高　　B．抗干扰能力差，灵敏度低
　C．抗干扰能力强，灵敏度高　　D．抗干扰能力强，灵敏度较低

4.4.23 与工作在运算电路中的运放不同，电压比较器中的运放通常工作在_____。

　A．放大状态　　　　　　　B．深度负反馈状态
　C．开环或正反馈状态　　　D．线性工作状

4.5 习题 4

4.5.1 当负载开路（$R_L = \infty$）时测得放大电路的输出电压 $u_o' = 2V$；当输出端接入 $R_L = 5.1k\Omega$ 的负载时，输出电压下降为 $u_o = 1.2V$，求放大电路的输出电阻 R_o。

解：

4.5.2 当在放大电路的输入端接入信号源电压 $u_s = 15mV$，信号源电阻 $R_s = 1k\Omega$ 时，测得电路输入端的电压为 $u_i = 10mV$，求放大电路的输入电阻 R_i。

解：

4.5.3 当在电压放大电路的输入端接入电压源 $u_s = 15mV$，信号源内阻 $R_s = 1k\Omega$ 时，测得电路输入端的电压为 $u_i = 10mV$；放大电路输出端接 $R_L = 3k\Omega$ 的负载，测得输出电压为 $u_o = 1.5V$，试计算该放大电路的电压增益 A_u 和电流增益 A_i，并分别用 dB（分贝）表示。

解：

4.5.4 某放大电路的幅频响应特性曲线如图 4.5.1 所示，试求电路的中频增益 A_{um}、下限截止频率 f_L、上限截止频率 f_H 和通频带 f_{BW}。

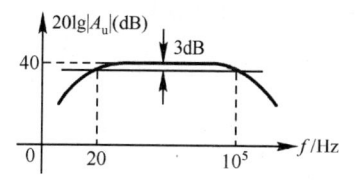

图 4.5.1 习题 4.5.4 特性曲线

解：

4.5.5 设两输入信号为 $u_{i1} = 40mV$，$u_{i2} = 20mV$，则差模电压 u_{id} 和共模电压 u_{ic} 为多少。若电压的差模放大倍数为 $A_{ud} = 100$，共模放大倍数为 $A_{uc} = -0.5$，则总输出电压 u_o 为多少，共模抑制比 K_{CMR} 是多少。

解：

4.5.6 集成运算放大器工作在线性区和非线性区各有什么特点。

解：

4.5.7 电路如图 4.5.2 所示，求输出电压 u_o 与各输入电压的运算关系式。

解：

4.5.8 电路如图 4.5.3 所示，假设运放是理想的：（1）写出输出电压 u_o 的表达式，并求出 u_o 的值；（2）说明运放 A_1、A_2 各组成何种基本运算电路。

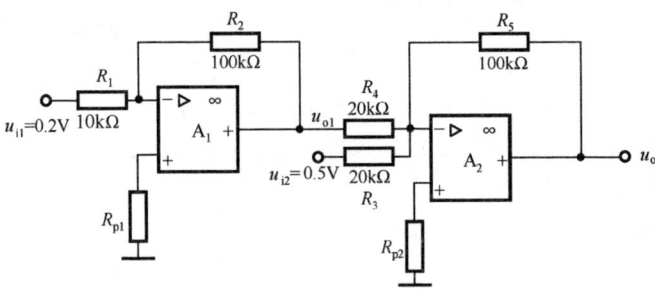

图 4.5.3 习题 4.5.8 电路图

解：

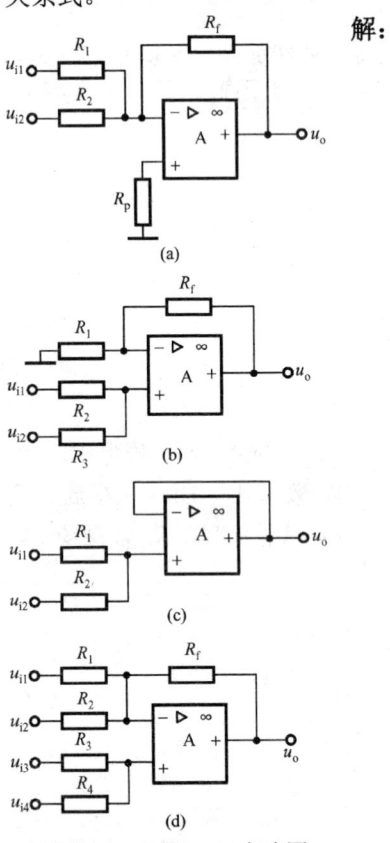

图 4.5.2 习题 4.5.7 电路图

4.5.9 采用一片集成运放设计一反相加法电路，要求关系式为 $u_o = -5(u_{i1} + 5u_{i2} + 3u_{i3})$，并且要求电路中最大的阻值不超过 100kΩ，试画出电路图，计算各阻值。

解：

4.5.11 电路如图 4.5.4 所示，设运放是理想的，求输出电压 u_o 的表达式。

解：

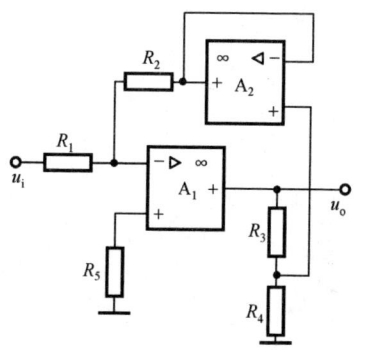

图 4.5.4 习题 4.5.11 电路图

4.5.10 采用一片集成运放设计一个运算电路，要求关系式为 $u_o = -10(u_{i1} - u_{i2})$，并且要求电路中最大的阻值不超过 200kΩ，试画出电路图，计算各阻值。

解：

4.5.12 图 4.5.5 所示为带 T 形网络高输入电阻的反相比例运算电路。（1）试推导输出电压 u_o 的表达式；（2）若选 $R_1 = 51\text{k}\Omega$，$R_2 = R_3 = 390\text{k}\Omega$，当 $u_o = -100u_i$ 时，计算电阻 R_4 的阻值；（3）直接用 R_2 代替 T 形网络，当 $R_1 = 51\text{k}\Omega$，$u_o = -100u_i$，求 R_2 的值；（4）比较（2）、（3）说明该电路的特点。

解：

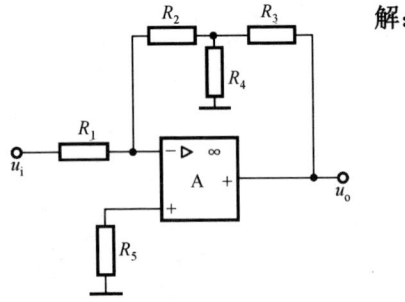

图 4.5.5 习题 4.5.12 电路图

4.5.13 电路如图 4.5.6 所示，设所有运放都是理想的，试求：（1）u_{o1}、u_{o2}、u_{o3} 及 u_o 的表达式；（2）当 $R_1 = R_2 = R_3$ 时，u_o 的值。

解：

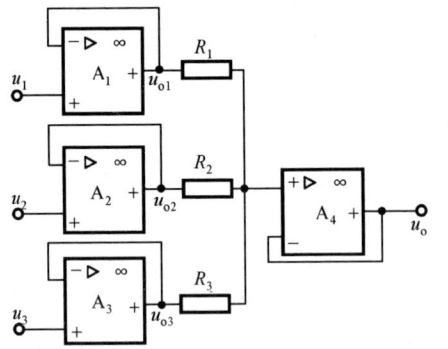

图 4.5.6 习题 4.5.13 电路图

4.5.14 电路如图 4.5.7 所示，运放均为理想的，试求电压增益 $A = \dfrac{u_o}{u_{i1} - u_{i2}}$ 的表达式。

解：

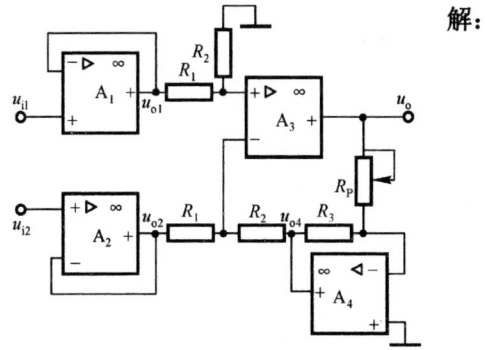

图 4.5.7 习题 4.5.14 电路图

4.5.15 电路如图 4.5.8 所示，运放均为理想的，试求输出电压 u_o 的表达式。

解：

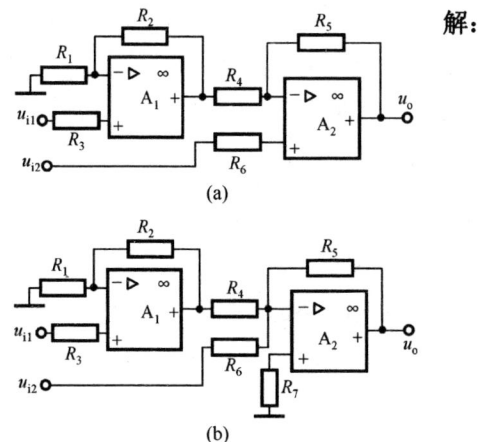

图 4.5.8 习题 4.5.15 电路图

4.5.16 电路如图 4.5.9(a)所示，已知运放的最大输出电压 $U_{om}=\pm12V$，输入电压波形如图 4.5.9(b)所示，周期为 0.1s。试画出输出电压的波形，并求出输入电压的最大幅值 U_{im}。

4.5.17 电路如图 4.5.10 所示，运放均为理想的，电容的初始电压 $u_C(0)=0$：（1）写出输出电压 u_o 与各输入电压之间的关系式；（2）当 $R_1=R_2=R_3=R_4=R_5=R_6=R$ 时，写出输出电压 u_o 的表达式。

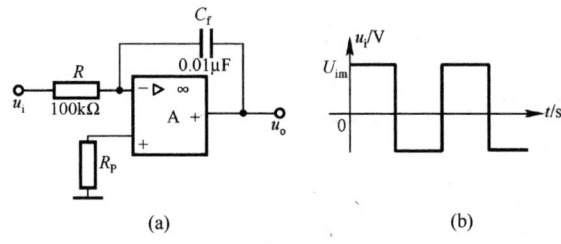

图 4.5.9 习题 4.5.16 电路图

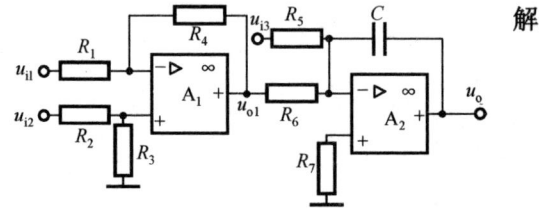

图 4.5.10 习题 4.5.17 电路图

解：

解：

4.5.18 电路如图 4.5.11(a)所示，运放均为理想的。（1）A_1、A_2 和 A_3 各组成何种基本电路；（2）写出 u_o 的表达式；（3）$R_2=100\text{k}\Omega$，$C=10\mu\text{F}$，电容的初始电压 $u_C(0)=0$，已知 u_{o1} 的波形如图 4.5.11(b) 所示，画出 u_o 的波形。

4.5.19 电路如图 4.5.12(a)所示，运放均为理想的，电容的初始值 $u_C(0)=0$，输入电压波形如图 4.5.12(b)所示：（1）写出输出电压 u_o 的表达式；（2）求 $t=0$ 时 u_{o1}、u_o 的值；（3）画出与 u_i 相对应的 u_{o1} 和 u_o 的波形，并标出相应的幅度。

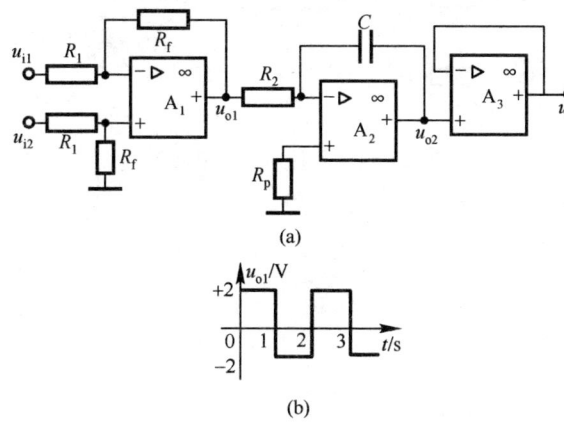

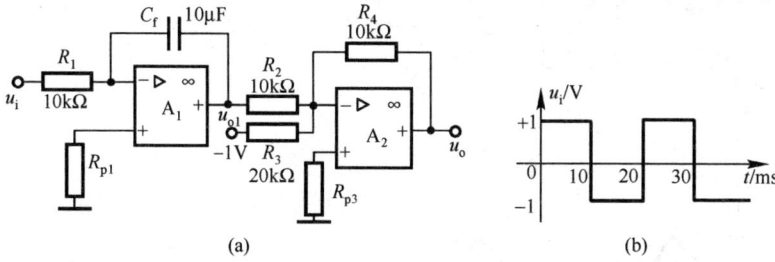

图 4.5.12 习题 4.5.19 电路图

图 4.5.11 习题 4.5.18 电路图

解：

解：

4.5.20 电路如图 4.5.13(a)所示，设运放为理想器件：（1）求门限电压 U_{TH}，画出电压传输特性（$u_o \sim u_i$）；（2）输入电压的波形如图 4.5.13(b)所示，画出电压输出波形（$u_o \sim t$）。

解：

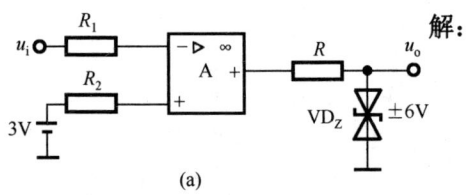

(a)

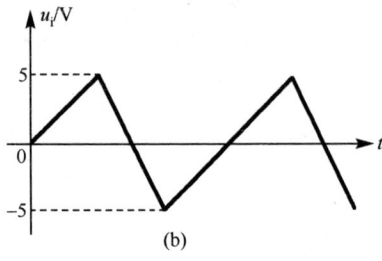

(b)

图 4.5.13 习题 4.5.20 电路图

4.5.21 电路如图 4.5.14 所示，运放为理想的，试求出电路的门限电压 U_{TH}，并画出电压传输特性曲线。

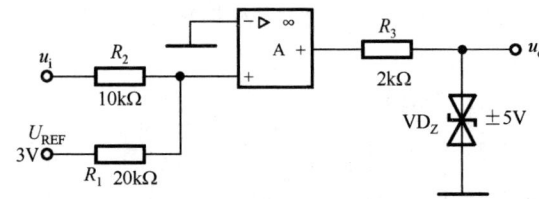

图 4.5.14 习题 4.5.21 电路图

解：

4.5.22 电路如图 4.5.15 所示,已知运放最大输出电压 $U_{om}=\pm 12V$, 试求出两电路的门限电压 U_{TH},并画出电压传输特性曲线。

解：

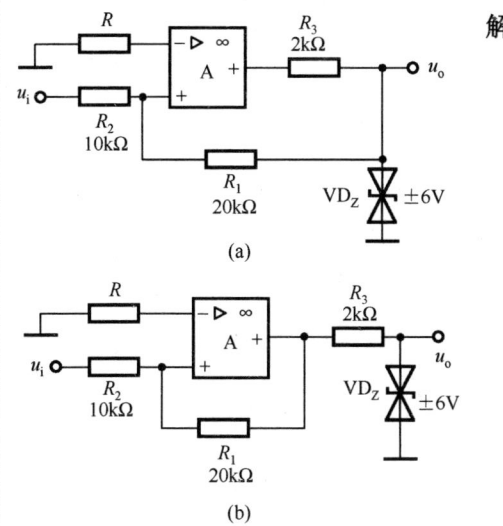

图 4.5.15 习题 4.5.22 电路图

4.5.23 电路如图 4.5.16(a)所示,运放为理想的:（1）试求电路的门限电压 U_{TH},并画出电压传输特性曲线;（2）输入电压波形如图 4.5.16(b)所示,试画出输出电压 u_o 的波形。

解：

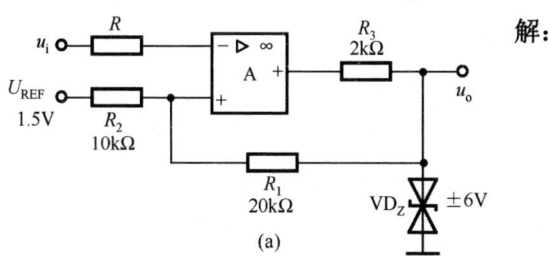

(a)

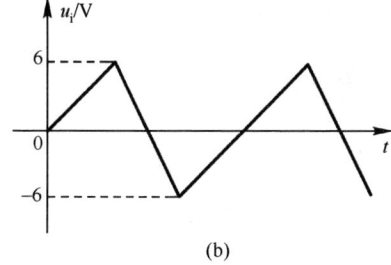

(b)

图 4.5.16 习题 4.5.23 电路图

4.5.24 电路如图 4.5.17 所示，已知运放为理想的，运放最大输出电压 $U_{om}=\pm15V$：（1）A_1、A_2 和 A_3 各组成何种基本电路；（2）若 $u_i = 5\sin\omega t$ (V)，试画出与之对应的 u_{o1}、u_{o2} 和 u_o 的波形。

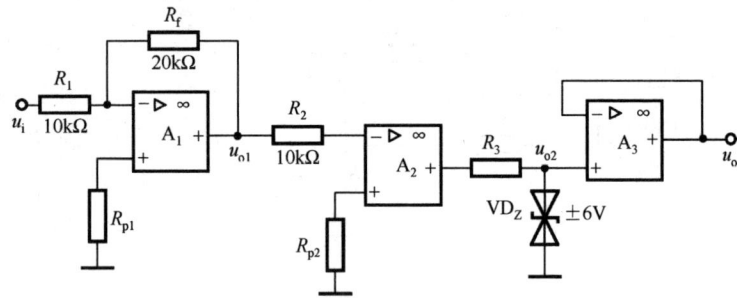

图 4.5.17 习题 4.5.24 电路图

解：

第5章 半导体二极管及直流稳压电源

5.1 知识要点总结

一、二极管的伏安特性

1. 数学模型

二极管的伏安特性方程近似为 $i = I_S\left(e^{u/U_T} - 1\right)$

2. 曲线模型

二极管伏安特性曲线如图 5.1.1 所示。

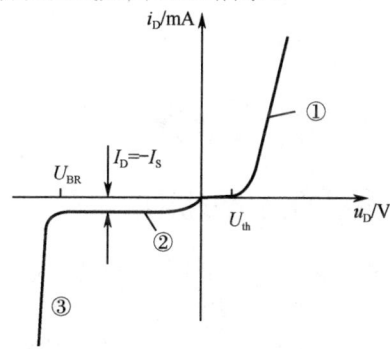

图 5.1.1 二极管伏安特性曲线

（1）正向特性：当外加电压 $u > U_{th}$ 时，随 u 的增加，正向电流按指数规律迅速增大，正向电阻很小，二极管处于导通状态。对应于图 5.1.1 所示曲线的第①段为正向特性。

（2）反向特性：当外加电压 $u < 0$ 时，在一定范围内，反向电流很小且近似为常数，反向电阻很大，二极管处于截止状态。如图 5.1.1 所示，伏安特性曲线的第②段称为反向特性。

（3）击穿特性：当反向电压增大到 U_{BR} 时，反向电流急剧增加，二极管被反向击穿。发生击穿所需的电压 U_{BR} 称为反向击穿电压。对应于图 5.1.1 所示曲线的第③段。

U_{th} 为死区电压，室温下，硅管约为 0.5V，锗管约为 0.1V。

二、二极管的常用简化电路模型

（1）理想二极管模型：$u > 0$ 时，二极管导通，正向压降为 0，相当于短路；$u < 0$ 时，二极管截止，电阻为∞，反向电流为 0，相当于开路。

（2）恒压降模型：$u > U_{D(on)}$ 时，二极管导通，正向压降恒等于 $U_{D(on)}$；$u < U_{D(on)}$ 时，二极管截止，反向电流为 0，相当于开路。

（3）折线模型：$u > U_{th}$ 时，二极管导通，电压与电流成线性关系；$u < U_{th}$ 时，二极管截止，反向电流为 0，相当于开路。

$U_{D(on)}$ 为导通电压，不同于死区电压，是指正向电流明显增大时所对应的电压值。工程上，一般硅管约为 0.7V，锗管约为 0.3V。

二极管 3 种模型的等效电路如图 5.1.2 所示。二极管的 3 种简化模型被用来计算二极管上加特定范围内电压或电流时的响应。

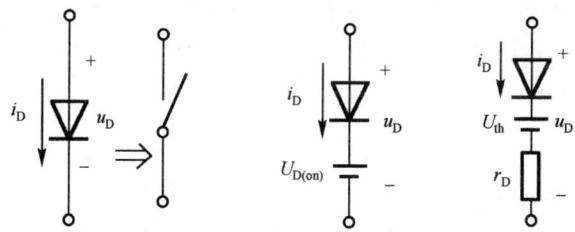

(a) 理想二极管等效电路 (b) 恒压降模型等效电路 (c) 折线模型等效电路

图 5.1.2 二极管 3 种模型的等效电路

(4) 小信号电路模型

交流小信号等效模型被用来计算叠加在静态工作点上微小增量电压或电流的响应，二极管可以等效为一个动态电阻：

$$r_\mathrm{d} \approx \frac{U_\mathrm{T}}{I_\mathrm{D}} = \frac{26(\mathrm{mV})}{I_\mathrm{D}(\mathrm{mA})} \quad (\text{室温下，} T = 300\mathrm{K} \text{ 时})$$

三、直流稳压电源

1. 组成：变压器、整流电路、滤波电路和稳压电路。
2. 二极管单相半波整流与单相桥式整流的比较如表 5.1.1 所示。

表 5.1.1 二极管单相半波整流与单相桥式整流的比较

	输出电压的平均值 $U_\mathrm{o(AV)}$	输出电流平均值 $I_\mathrm{o(AV)}$	通过二极管的平均电流 $I_\mathrm{D(AV)}$	二极管承受的最高反向电压 $U_\mathrm{D(RM)}$
单相半波整流	$0.45U$	$0.45\dfrac{U}{R_\mathrm{L}}$	$I_\mathrm{o(AV)}$	$\sqrt{2}U$
单相桥式整流	$0.9U$	$0.9\dfrac{U}{R_\mathrm{L}}$	$\dfrac{1}{2}I_\mathrm{o(AV)}$	$\sqrt{2}U$

注：输入电压 u_i 的有效值为 U。

3. 电容滤波：$U_\mathrm{o(AV)} = (1.1 \sim 1.4)U$，一般工程上取 $U_\mathrm{o(AV)} \approx 1.2U$。
4. 稳压管稳压

分析稳压管的工作状态：

$$\text{稳压管极性} \begin{cases} \text{正偏} \to \text{导通} \to U_\mathrm{o} = U_\mathrm{D(on)} \\ \text{反偏} \begin{cases} \text{偏压} < \text{稳压值} \to \text{反向截止} \\ \text{偏压} > \text{稳压值} \to \text{反向击穿} \to \\ \quad I_\mathrm{Zmin} < I_\mathrm{Z} < I_\mathrm{Zmax} \to \text{稳压状态} \end{cases} \end{cases}$$

5. 三端集成稳压器

$$\begin{cases} \text{固定式} \begin{cases} \text{输入端} \\ \text{输出端} \\ \text{公共端} \end{cases} \begin{cases} \text{正电压固定78系列} \\ \text{负电压固定79系列} \end{cases} \to \text{可通过外接电路使输出电压可调} \\ \text{可调式} \begin{cases} \text{输入端} \\ \text{输出端} \\ \text{调整端} \end{cases} \begin{cases} \text{正电压可调117系列} \\ \text{负电压可调137系列} \end{cases} \begin{cases} \text{基准电压为1.25V} \\ \text{依靠外接电阻调节输出电压} \end{cases} \end{cases}$$

5.2 本章重点与难点

1. PN 结的单向导电性、伏安特性
2. 二极管的数学模型、曲线模型、简化电路模型
3. 二极管电路的简化分析法、小信号分析法，用简化分析法分析各种功能电路
4. 整流电路的工作原理及元器件参数的选择
5. 稳压电路的工作原理及计算

5.3 重点分析方法与步骤

一、二极管电路的简化分析法

简化分析法是将电路中的二极管用简化电路模型代替，利用得到的简化电路直接分析、求解。一般，在利用二极管单向导电性的电路中常用这种方法分析直流电压、电流，也常根据输入信号波形画出输出波形。

分析步骤如下：

1. 判断二极管是导通还是截止。方法是，首先假设二极管断开，求解二极管阳极与阴极之间将承受的电压。若该电压大于导通电压

（对理想二极管只要大于 0），则接上二极管后，该管导通；反之，二极管截止。

如果电路中出现两个以上二极管承受大小不相等的正向电压时，则应判定承受正向电压较大者优先导通，将优先导通的二极管接入电路中，重新分析其他二极管的工作状态。

2．画出等效电路，利用上述分析结果，将截止的二极管开路，导通的二极管用简化模型的等效电路代替，具体选用哪种模型，应根据电路中电源电压的大小以及要求精度来选择。

3．利用等效电路求解待求量或画出输出波形。

二、稳压管稳压电路的分析

稳压管稳压电路的分析方法与二极管电路的分析方法相同，但稳压管必须被反向击穿，击穿的条件是在稳压管断开时，求得的阴极与阳极之间的电压应大于其稳定电压。

三、整流电路分析

整流电路中由于电源电压一般较高，所以一般选用理想二极管模型或恒压降模型来分析，画出输出波形，求输出电压、电流平均值并选择二极管。

5.4 填空题和选择题

一、填空题

5.4.1 硅材料二极管的死区电压为_____，锗材料二极管的死区电压为_____。

5.4.2 二极管伏安特性测试电路中串联调压电阻的目的一个是调压，另一个是_____以防烧坏二极管。

5.4.3 PN 结的单向导电性为：外加正向电压时_____，外加反向电压时_____。PN 结的伏安特性表达式为_____。

5.4.4 给半导体 PN 加正向电压时，电源的正极应接半导体的_____区，电源的负极通过电阻接半导体的_____区。

5.4.5 在外加直流电压时，理想二极管正向导通电阻为_____，反向截止电阻为_____。

5.4.6 锗二极管导通时的正向压降约为_____ V，硅二极管导通时的正向压降为_____V。

5.4.7 在同一测试电路中，分别测得 A、B、和 C 三个二极管的电流如表 5.4.1 所示，性能最好的二极管是_____。

表 5.4.1 题 5.4.7 表

管号	加 0.5V 正向电压时的电流	加反向电压时的电流
A	0.5mA	1μA
B	5mA	0.1μA
C	2mA	5μA

5.4.8 直流稳压电源主要由电源变压器、_____、_____和稳压电路等四部分组成。

5.4.9 不加滤波器的由理想二极管组成的单相桥式整流电路的输出电压平均值为 9V，则输入正弦电压有效值应为_____。

5.4.10 图 5.4.1 所示电路是一个用三端集成稳压器组成的直流稳压电路，电路中 C_1 的作用是_____，C_2 的作用是_____，电路在正常工作时的输出电压值 U_O 为_____。

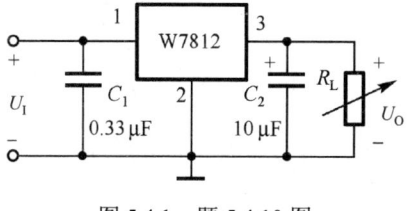

图 5.4.1 题 5.4.10 图

二、选择正确的答案填空

5.4.11 一个二极管通过电阻接 5V 的直流电压源,测得流过二极管的电流为 1mA,如果电源电压提高到 10V,则流过二极管的电流将_____。

A. 等于 2mA　　　　B. 小于 2mA
C. 大于 2mA　　　　D. 不变

5.4.12 若测得某稳压管工作时的反向电流小于稳压管最小导通电流,则该稳压管处于_____。

A. 正向导通区　　　B. 反向截止区
C. 反向击穿区　　　D. 放大区

5.4.13 稳压管工作在稳压区时,其工作状态为_____。

A. 正向导通　　B. 反向截止　　C. 反向击穿

5.4.14 电路如图 5.4.2 所示,VD_1、VD_2 二极管为理想元件,A 点电位为_____。

A. 4V　　B. -1V　　C. 0V　　D. 3V

5.4.15 二极管整流电路利用了二极管_____。

A. 电流放大特性　　　B. 电压放大特性
C. 单向导电的特性　　D. 反向击穿的特性

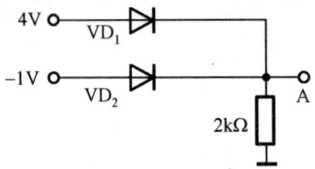

图 5.4.2　题 5.4.14 图

5.4.16 将交流电变为直流电的电路称为_____。

A. 稳压电路　B. 滤波电路　C. 整流电路　D. 放大电路

5.4.17 在图 5.4.3 所示电路中:

(1) 桥式整流电路中输出电流的平均值 I_o 是_____。

A. $0.45\dfrac{U}{R_L}$　　B. $0.9\dfrac{U}{R_L}$　　C. $0.9\dfrac{U_o}{R_L}$　　D. $0.45\dfrac{U_o}{R_L}$

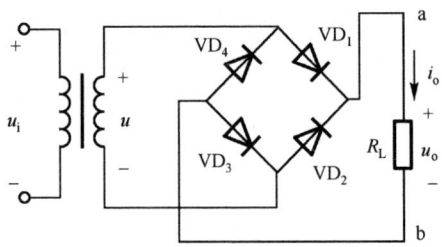

图 5.4.3　题 5.4.17 图

(2) 流过每个整流管的电流为_____。

A. $I_o/4$　　B. $I_o/2$　　C. $4I_o$　　D. I_o

(3) 每个二极管的最大反向电压 $U_{D(RM)}$ 为_____。

A. $\dfrac{\sqrt{2}}{2}U$　　B. $\sqrt{2}U$　　C. $2\sqrt{2}U$　　D. $4\sqrt{2}U$

(4) 若 VD_1 的正负极性接反,则 u_o 的波形_____;若 VD_1 开路,则输出_____。

A. 只有半周波形　　　　　　B. 全波整流波形
C. 无波形且变压器或整流管损坏　D. 仍可正常工作

(5) 在桥式整流电路中接入电容 C 滤波后,输出的直流电压较没有接入 C 时_____;二极管的导通角_____。

A. 变大　　　　B. 变小　　　　C. 不变

5.4.18 在图 5.4.4 所示稳压电路中,已知 U_I=10V,U_O=5V,I_Z=10mA,R_L=500Ω,则限流电阻 R 应为_____。

A. 250Ω　　　　B. 500Ω　　　　C. 1000Ω

5.4.19 在图 5.4.5 所示稳压电路中,已知 U_Z=6V,则 U_O 为_____。

A. 6V B. 15V C. 21V

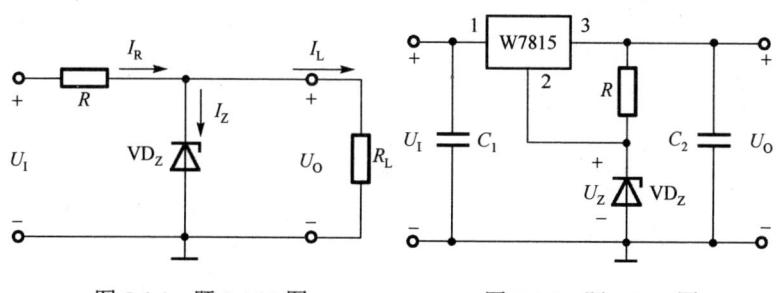

图 5.4.4 题 5.4.18 图   图 5.4.5 题 5.4.19 图

5.4.20 直流稳压电源中滤波电路的目的是将 _____。

A. 交流变为直流   B. 高频变为低频

C. 交、直流混合量中的交流成分滤掉

5.4.21 直流稳压电源中滤波电路应选用 _____。

A. 高通滤波电路   B. 低通滤波电路   C. 带通滤波电路

5.5 习题 5

5.5.1 电路如图 5.5.1 所示，$R=1\mathrm{k}\Omega$，测得 $U_\mathrm{D}=5\mathrm{V}$，试问二极管 VD 是否良好（设外电路无虚焊）？

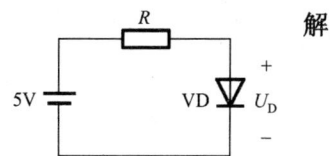

图 5.5.1 习题 5.5.1 电路图

解：

5.5.2 电路如图 5.5.2 所示，二极管导通电压 $U_\mathrm{D(on)}$ 约为 0.7V，试分别估算开关断开和闭合时输出电压 U_o 的数值。

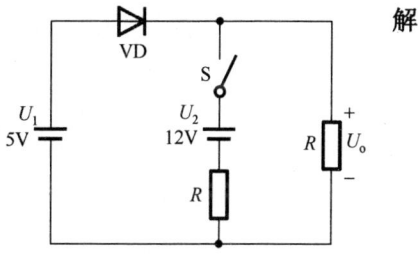

图 5.5.2 习题 5.5.2 电路图

解：

5.5.3 分析判断图 5.5.3 所示各电路中二极管是导通还是截止，并计算电压 U_ab，设图中的二极管都是理想的。

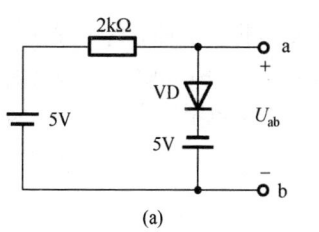

(a)

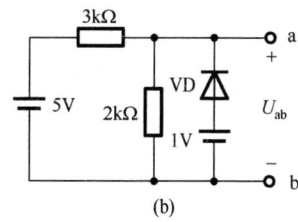

(b)

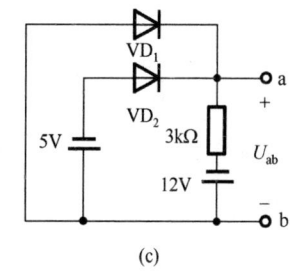

(c)

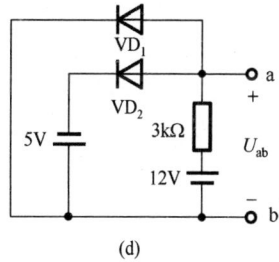

(d)

图 5.5.3 习题 5.5.3 电路图

解：

5.5.4 一个无标记的二极管，分别用 a 和 b 表示其两只引脚，利用模拟万用表测量其电阻。当红表笔接 a，黑表笔接 b 时，测得电阻值为 500Ω。当红表笔接 b，黑表笔接 a 时，测得电阻值为 100kΩ。问哪一端是二极管阳极?

解：

5.5.5 二极管电路如图 5.5.4(a)所示，设输入电压 $u_i(t)$ 波形如图 5.5.4(b)所示，在 $0 < t < 5\text{ms}$ 的时间间隔内，试画出输出电压 $u_o(t)$ 的波形，设二极管是理想的。

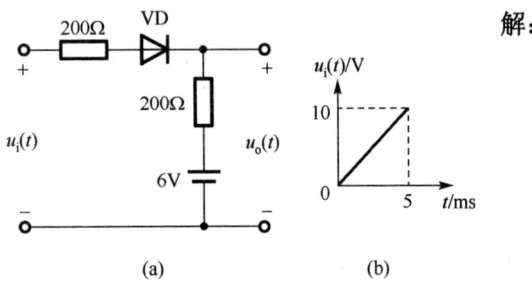

图 5.5.4 习题 5.5.5 电路图

5.5.6 在图 5.5.5 所示的电路中，设二极管为理想的，已知 $u_i = 30\sin\omega t(\text{V})$，试分别画出输出电压 u_o 的波形，并标出幅值。

解：

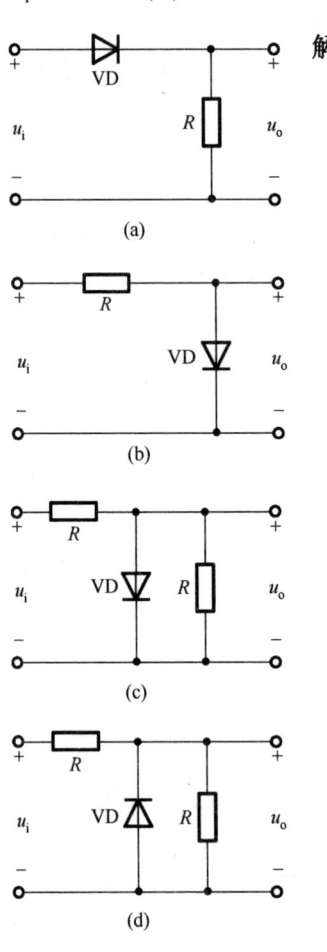

图 5.5.5 习题 5.5.6 电路图

5.5.7 在图 5.5.6 所示电路中，设二极管为理想的，输入电压 $u_i = 10\sin\omega t(\text{V})$，试画出输出电压 u_o 的波形，并标出幅值。

解：

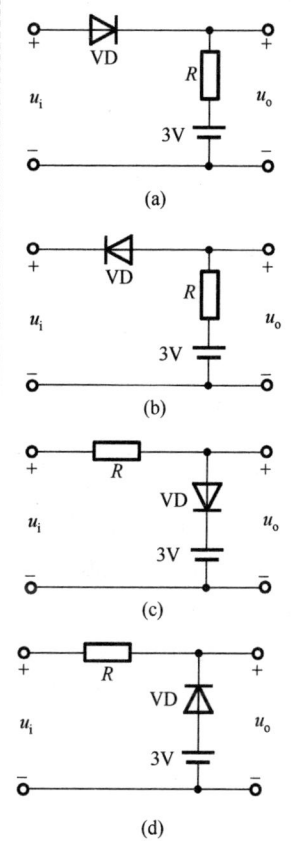

图 5.5.6 习题 5.5.7 电路图

5.5.8 图 5.5.7 所示电路中，设二极管为理想的，$u_i = 6\sin\omega t(\text{V})$，试画出输出电压 u_o 的波形以及电压传输特性。

解：

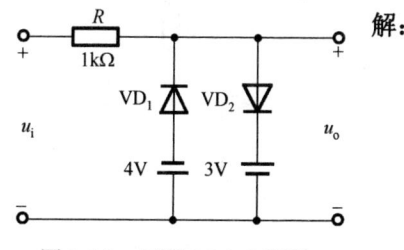

图 5.5.7 习题 5.5.8 电路图

5.5.9 图 5.5.8 所示电路中,设二极管是理想的,求图中标记的电压和电流值。

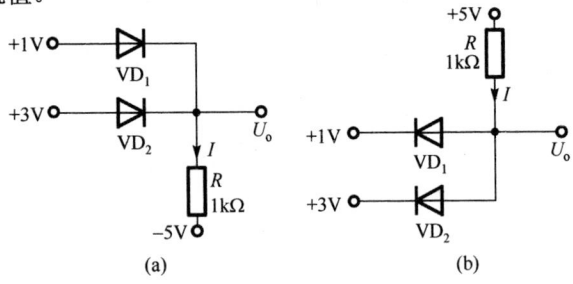

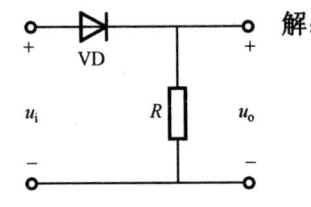

图 5.5.8 习题 5.5.9 电路图

解:

图 5.5.9 习题 5.5.10 电路图

5.5.10 在图 5.5.9 所示电路中,已知输出电压平均值 $U_{o(AV)}=9V$,负载 $R_L=100\Omega$。求:(1)输入电压的有效值为多少?(2)设电网电压波动范围为 ±10%。选择二极管时,其最大整流平均电流 I_F 和最高反向工作电压 U_R 的下限值约为多少?

5.5.11 在图 5.5.10 所示的电路中,电源 $u_i=100\sin\omega t(V)$,$R_L=1k\Omega$,二极管为理想的。求:(1)R_L 两端的电压平均值;(2)流过 R_L 的电流平均值;(3)选择二极管时,其最大整流平均电流 I_F 和最高反向工作电压 U_R 为多少?

解:

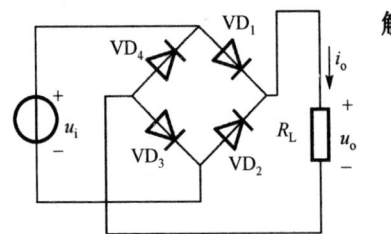

图 5.5.10 习题 5.5.11 电路图

5.5.12 在桥式整流电容滤波电路中，已知 $R_L=120\Omega$，$U_{o(AV)}=30V$，交流电源频率 $f=50Hz$。选择整流二极管，并确定滤波电容的容量和耐压值。

解：

5.5.13 已知稳压管的稳压值 $U_Z=6V$，稳定电流的最小值 $I_{Zmin}=4mA$。求图 5.5.11 所示电路中的 U_{O1} 和 U_{O2}。

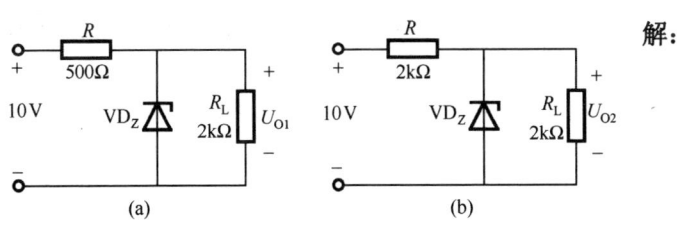

图 5.5.11 习题 5.5.13 电路图

5.5.14 图 5.5.12 中各电路的稳压管 VD_{Z1} 和 VD_{Z2} 的稳定电压值分别为 8V 和 12V，稳压管正向导通电压 $U_{DZ}=0.7V$，最小稳定电流是 5mA。试判断 VD_{Z1} 和 VD_{Z2} 的工作状态并求各电路的输出电压 U_{ab}。

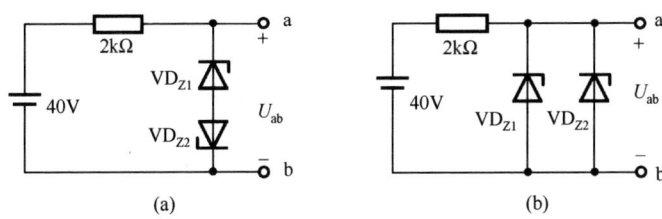

图 5.5.12 习题 5.5.14 电路图

解：

5.5.15 已知稳压管稳压电路如图 5.5.13 所示，稳压二极管的特性为：稳压电压 $U_Z = 6.8\text{V}$，$I_{Z\max} = 10\text{mA}$，$I_{Z\min} = 0.2\text{mA}$，直流输入电压 $U_I = 10\text{V}$，其不稳定量 $\Delta U_I = \pm 1\text{V}$，$I_L = 0 \sim 4\text{mA}$。试求：

（1）直流输出电压 U_O；

（2）为保证稳压管安全工作，限流电阻 R 的最小值；

（3）为保证稳压管稳定工作，限流电阻 R 的最大值。

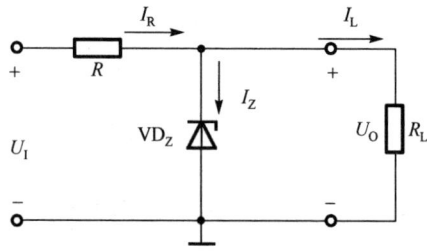

图 5.5.13 习题 5.5.15 电路图

解：

5.5.16 在下面几种情况中，可选用什么型号的三端集成稳压器？

（1）$U_O = +12\text{V}$，R_L 最小值为 15Ω；

（2）$U_O = +6\text{V}$，最大负载电流 $I_{L\max} = 300\text{mA}$；

（3）$U_O = -15\text{V}$，输出电流范围 I_O 为 $10 \sim 80\text{mA}$。

解：

5.5.17 电路如图 5.5.14 所示，三端集成稳压器静态电流 $I_W = 6\text{mA}$，R_W 为电位器，为了得到 10V 的输出电压，试问应将 R'_W 调到多大？

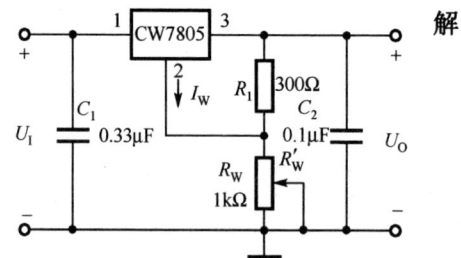

图 5.5.14 习题 5.5.17 电路图

解：

5.5.18 电路如图 5.5.15 所示：（1）求电路负载电流 I_O 的表达式；（2）设输入电压为 $U_I = 24\text{V}$，W7805 输入端和输出端间的电压最小值为 3V，$I_O \gg I_W$，$R = 50\Omega$。求出电路负载电阻 R_L 的最大值。

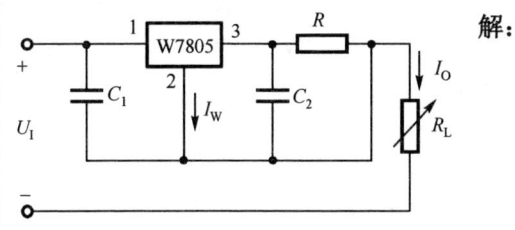

图 5.5.15 习题 5.5.18 电路图

5.5.19 已知三端可调式集成稳压器 LM117 的基准电压 $U_{REF}=1.25\text{V}$，调整端电流 $I_W=50\mu\text{A}$，用它组成的稳压电路如图 5.5.16 所示。（1）若 $I_1=100I_W$，忽略 I_W 对 U_O 的影响，要得到 5V 的输出电压，则 R_1 和 R_2 应选取多大；（2）若 R_2 改为 0～2.5kΩ 的可变电阻，求输出电压 U_O 的可调范围。

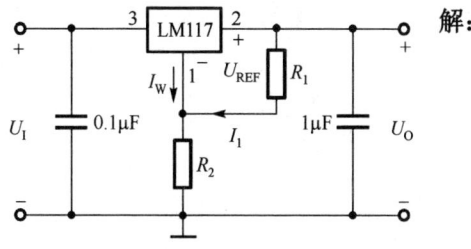

图 5.5.16 习题 5.5.19 电路图

解：

解：

5.5.20 可调恒流源电路如图 5.5.17 所示:(1)当 $U_{21}=U_{REF}=1.2V$, R 值在 0.8～120Ω 范围变化时,恒流电流 I_O 的变化范围如何？（2）当 R_L 用充电电池代替,若 50mA 恒流充电,充电电压 $U_O=1.5V$,求电阻 R_L。

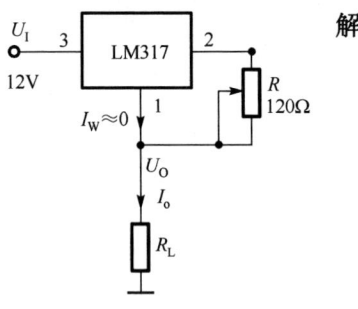

图 5.5.17 习题 5.5.20 电路图

解：

第6章 晶体三极管及其放大电路

6.1 知识要点总结

一、晶体三极管的基本知识

1. 结构和类型

晶体三极管由3个电极、2个PN结即发射结和集电结结合在一起构成。按结构可分为NPN型和PNP型。

2. 三极管的放大作用

（1）放大的外部条件：发射结正偏，集电结反偏。

因此，其3个电极的电位关系为：
$$\begin{cases} \text{NPN}: V_C > V_B > V_E \\ \text{PNP}: V_E > V_B > V_C \end{cases}$$

（2）放大时的电流分配关系为：

$$i_E = i_B + i_C \quad (\text{KCL})$$

$$i_C = \beta \cdot i_B, \quad \beta \gg 1$$

此关系表明了三极管的 i_B 对 i_C 的控制作用和三极管的放大作用。

3. 三极管的共射特性曲线及极限参数

NPN型三极管的输入特性曲线和极限参数如图6.1.1所示。

（1）输入特性曲线：$i_B = f(u_{BE})\big|_{u_{CE}=\text{常数}}$

由图6.1.1(a)可见，三极管输入特性存在开启电压 U_{th}，当 $u_{BE} > U_{th}$ 时才有 i_B 电流产生；当发射结正向导通时，其导通压降 u_{BE} 近似等于一个常数 $U_{BE(on)}$。对于NPN型的硅三极管，$U_{BE(on)} = 0.7$V 左右；对于PNP型的锗三极管，$U_{BE(on)} = -0.2\text{V} \sim -0.3\text{V}$。

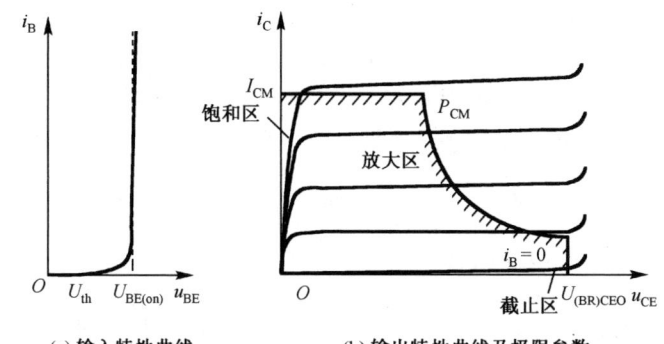

(a) 输入特性曲线　　(b) 输出特性曲线及极限参数

图6.1.1　NPN型三极管特性曲线及极限参数

（2）输出特性曲线：$i_C = f(u_{CE})\big|_{i_B=\text{常数}}$

由图6.1.1(b)可见，三极管的输出特性曲线分为3个区。

① 放大区：特性曲线近似平坦的区域。

工作条件：发射结正偏，集电结反偏，即 $U_{BE} \geq 0.7\text{V}$，$U_{CE} > 0.3\text{V}$（硅管）。

放大区特点：三极管的 i_C 几乎不随 u_{CE} 变化而变化，仅受控于 i_B 的数值。三极管是一个（i_B）电流控制（i_C）电流器件。

② 饱和区：特性曲线起始上升部分。

工作条件：发射结和集电结均正偏，即 $U_{BE} \geq 0.7\text{V}$，$U_{CE} < 0.3\text{V}$（硅管）。

饱和区特点：i_C 不受 i_B 控制，只随 u_{CE} 增大而增大。

③ 截止区：近似为 $i_B \leq 0$ 的曲线与横轴间的区域。

工作条件：发射结和集电结均反偏，即 $U_{BE} \leq 0.5\text{V}$，$U_{CE} \geq 0.3\text{V}$（硅管）。

截止区特点：$i_B \approx 0$，$i_C \approx 0$，相当于三极管3个电极断开。
3个区分别对应三极管的放大、饱和、截止3种工作状态。

（3）极限参数

极限参数主要包括3个：集电极最大容许电流 I_{CM}、集电极最大容许耗散功率 P_{CM} 和集电极-发射极间反向击穿电压 $U_{(BR)CEO}$。

4．三极管的微变等效模型

三极管是一个电流控制电流器件，其微变等效模型如图6.1.2所示。

图中，$r_{be} = r_{bb'} + (1+\beta)\dfrac{26(\text{mV})}{I_{EQ}(\text{mA})}$，$r_{bb'}$ 常取为300Ω。

三极管的微变等效模型简单地说就是：b到e之间为电阻 r_{be}，c到e之间为电流源 $\beta \dot{i}_b$，b到c之间为开路。该模型只能用来分析叠加在 Q 点上各交流量之间的相互关系，不能分析直流分量。

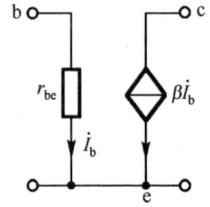

图6.1.2 三极管的微变等效模型

二、晶体管放大电路的3种接法

晶体三极管组成放大电路时，除以发射极作为输入输出回路的公共端形成共射放大电路外，也可以将集电极或者基极作为公共端，形成共集、共基放大电路。这3种放大电路的动态性能比较如表6.1.1所示。

三、电流源电路

常用的3种电流源电路为：镜像电流源电路、比例式电流源电路和微电流源电路，其电路图如图6.1.3所示。

表6.1.1 3种放大电路动态性能比较

	共发射极	共集电极	共基极
放大能力	既能放大电流又能放大电压 $\dot{A}_u < 0$，输出电压与输入电压反相，通常其放大倍数较大	能够放大电流不能放大电压 $\dot{A}_u \approx 1$，输出电压与输入电压同相等大，形成射极电压跟随器	不能放大电流能够放大电压 $\dot{A}_u > 0$，输出电压与输入电压同相，通常其放大倍数较大
输入电阻（R_i）	较大	很大	较小
输出电阻（R_o）	较大	很小	较大
用途	多级放大电路的中间级	隔离缓冲级	高频或宽频带电路

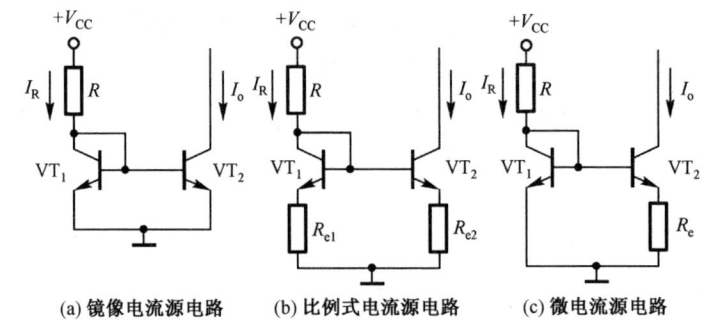

图6.1.3 电流源电路

① 镜像电流源电路：$I_R = \dfrac{V_{CC} - U_{BE(on)}}{R}$，$I_o \approx I_R$，$I_o$ 与 I_R 成一倍关系。

② 比例式电流源电路：$I_R = \dfrac{V_{CC} - U_{BE(on)}}{R + R_{e1}}$，$I_o \approx \dfrac{R_{e1}}{R_{e2}} I_R$，$I_o$ 与 I_R 成任意比例关系。

③ 微电流源电路：$I_R = \dfrac{V_{CC} - U_{BE(on)}}{R}$，$I_o \approx \dfrac{U_T}{R_e} \ln \dfrac{I_R}{I_o}$，$I_o$ 为微安级电流。

6.2 本章重点与难点

1. 三极管放大状态下的电流分配关系式
2. 三极管放大、饱和、截止 3 种模式的工作条件和性能特点
3. 利用估算法求解静态工作点，判断三极管的工作状态
4. 有关非线性失真的概念及 U_{omax} 的计算
5. 利用微变等效电路分析放大电路动态性能指标（$\dot{A}_u$、R_i、R_o），熟悉三种放大电路的性能特点

6.3 重点分析方法与步骤

一、三极管引脚及类型判别

三极管引脚判别和类型判别主要是考察对处于放大状态下三极管 3 个电极电流分配关系和电压大小关系的掌握程度。

1. 通过三极管的电极电流判别三极管引脚和类型

通常，此类题目是给出放大状态下三极管两个电极的电流，要确定另一个电极的电流和 3 个引脚名称。

（1）将三极管看成是广义节点，通过 KCL 确定第 3 个电极的电流。

（2）依据 $|i_E|>|i_C|>|i_B|$，判别出 3 个引脚的名称：电流最小的为基极 b，次之为集电极 c，最大的为发射极 e。

（3）依据射极电流方向判别三极管的类型：i_E 流出则为 NPN 型，流入则为 PNP 型。

2. 通过三极管 3 个引脚对地电位判别三极管引脚和类型

通常，此类题目是给出放大状态下三极管 3 个引脚的对地电位，要确定三极管的类型和 3 个引脚的名称。

（1）由前面放大的外部条件可以知道，三极管正常放大时其基极电位始终位于中间，所以 3 个电位按大小排序后，位于中间的那个引脚就是基极。

（2）由前面的特性曲线可知，三极管放大时，$U_{BE} \approx U_{BE(on)}$（±0.7V 或 ±0.2~0.3V），所以与基极相差约 $U_{BE(on)}$ 压差的那个引脚就是发射极，当然，剩下那个引脚就是集电极。$|U_{BE}|$ 若为 0.7V 左右，则为硅管，若为 0.2~0.3V，则为锗管。

（3）若 $U_{BE}>0$，则为 NPN 型；反之，若 $U_{BE}<0$，则为 PNP 型。

二、三极管的工作状态判别

三极管工作状态判别主要是考察对三极管特性曲线和静态分析的掌握程度。

1. 根据三极管的 3 个引脚对地电位判别三极管的工作状态

对于此类题目，首先由题目已知条件判别出管子的材料，然后对于硅管取 $|U_{BE(on)}| = 0.7$V（NPN 管取 0.7V，PNP 管取 –0.7V）锗管取 $|U_{BE(on)}| = 0.2 \sim 0.3$V（与硅管类似），其判别流程如图 6.3.1 所示。

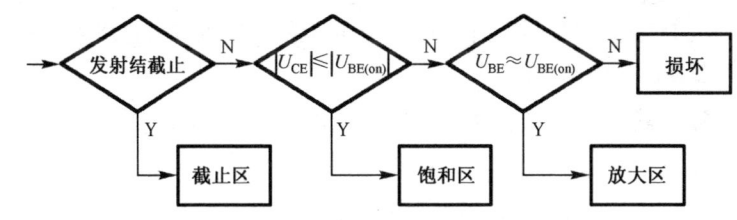

图 6.3.1 三极管工作状态判别流程

2. 根据放大电路的直流通路判别三极管的状态

此类题目通常会涉及静态工作点求解，其判别步骤如下：

（1）判断发射结是否导通，如果截止，则为截止区，判断结束。

（2）如果导通，假设三极管处于放大状态，求解出 I_{BQ} 的值；用 $I_{CQ} = \beta \cdot I_{BQ}$ 求出 I_{CQ} 的值，进而求解出 U_{CEQ} 的值。

（3）若 $U_{CEQ} > U_{CES}$（U_{CES} 为饱和压降，硅管为 0.3V，锗管为 0.1V），则为放大状态，假设成立；若 $U_{CEQ} < U_{CES}$，则为饱和状态；若 $U_{CEQ} = U_{CES}$，则为临界饱和状态。

三、放大电路有无放大作用判别

此类题目主要是考察对放大电路组成原则的理解和掌握程度。

（1）在直流通路中，判别三极管是否处于放大区。

（2）在交流通路中，判别交流信号的传输路径是否畅通。

（3）元件参数的选择要保证信号能不失真地放大，即有合适的工作点，这需要通过分析计算才能得到。

（4）如果不具有放大作用，将引起不放大的因素消除，即改正电路，使其具有放大作用。注意，在这个改正过程中，不能更改三极管的类型。

四、三极管放大电路分析方法

由于交流信号是叠加在静态工作点上的，所以放大电路的分析分为静态分析和动态分析。

1. 静态分析，确定静态工作点 Q（I_{BQ}, I_{CQ}, U_{CEQ}）

静态分析即直流分析：分析交流信号为零时，放大电路中直流电压与直流电流的数值。可采用图解法或估算法。

（1）静态工作点的估算法

静态工作点的估算法也称近似计算法，分析过程如下：

① 画出放大电路直流通路：将放大电路中的所有耦合电容和旁路电容视为开路而得到。常见的静态偏置电路如图 6.3.2 所示。

② 由直流通路列出输入回路和输出回路直流负载线方程，并取硅管 $|U_{BE(on)}|$ 为 0.7V，锗管 $|U_{BE(on)}|$ 为 0.3V，带入方程，求出静态工作点的值。对于图 6.3.2 所示的常见静态偏置电路，分析如下：

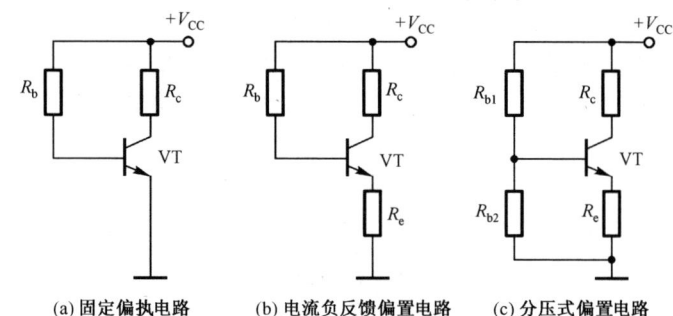

图 6.3.2　常见静态偏置电路

a. 固定偏置电路，如图 6.3.2(a) 所示：

$$I_{BQ} = \frac{V_{CC} - U_{BE(on)}}{R_b} \qquad I_{CQ} = \beta \cdot I_{BQ} \qquad U_{CEQ} = V_{CC} - I_{CQ} \cdot R_c$$

b. 电流负反馈偏置电路，如图 6.3.2(b) 所示：

$$I_{BQ} = \frac{V_{CC} - U_{BE(on)}}{R_b + (1+\beta) \cdot R_e} \qquad I_{CQ} = \beta \cdot I_{BQ} \qquad U_{CEQ} = V_{CC} - I_{CQ} \cdot (R_c + R_e)$$

在分析这个电路的 I_{BQ} 时，应用了电阻折合的概念，即射级电阻 R_e 如果要映射到基极，则应乘以（$1+\beta$）；反之，如果基极电阻 R_b 要映射到射级，则应除以（$1+\beta$）。

c. 分压式偏置电路，如图 6.3.2(c) 所示：

$$V_{BQ} = \frac{R_{b2}}{R_{b1} + R_{b2}} \cdot V_{CC} \qquad I_{CQ} \approx I_{EQ} = \frac{V_{BQ} - U_{BE(on)}}{R_e}$$

$$U_{CEQ} = V_{CC} - I_{CQ} \cdot (R_c + R_e)$$

2．静态工作点的图解法

利用三极管的输入、输出特性曲线与管外电路所确定的负载线通过作图的方法进行求解，分析过程如下：

（1）画出放大电路直流通路。

（2）列出输入回路直流负载线方程，并在三极管的输入特性曲线上做出输入回路直流负载线，找出对应的交点，即 U_{BEQ} 和 I_{BQ}。

（3）列出输出回路直流负载线方程，并在三极管的输出特性曲线上做出输出回路直流负载线。它与 $i_B = I_{BQ}$ 的那条特性曲线的交点就是静态工作点，相应的坐标就是 U_{CEQ} 和 I_{CQ}。

3．动态分析，求解 $\dot{A}_u$、R_i、R_o、$\dot{A}_{us}$

动态分析即交流分析：电路加入交流信号后，分析叠加在静态工作点上的电压与电流变化量之间的关系。可采用微变等效电路法和图解法。

（1）微变等效电路法

在交流等效电路的基础上，用图 6.1.2 所示的微变等效模型代替三极管，利用得到放大电路的微变等效电路，分析放大电路的动态指标。分析步骤如下：

① 在放大电路静态分析的基础上，根据静态工作点，求出 r_{be}。

② 画出放大电路的交流通路：将放大电路中的大容值耦合电容和旁路电容视为短路，直流电源对地短路。

③ 用三极管的微变等效模型替换掉交流通路中的三极管，从而得到整个放大电路的微变等效电路。

④ 根据微变等效电路及 $\dot{A}_u$、R_i、R_o、$\dot{A}_{us}$ 的定义求得动态指标。

（2）图解法

动态分析步骤如下：

① 将 u_i 叠加于 U_{BEQ} 上，画出 u_{BE}（$=U_{BEQ}+u_i$）的波形。

② 根据管子的输入特性和 u_{BE} 的变化，画出 i_B 的波形。

③ 由 i_B 的波形，利用输出特性曲线和交流负载线，画出 i_C 和 u_{CE} 的波形。其中，u_{CE} 波形的交流分量就是输出电压 u_o 的波形。

通过动态过程的图解分析，从波形上测出 U_{om} 和 U_{im} 可求得 $|\dot{A}_u| = \dfrac{U_{om}}{U_{im}}$，并可知道 u_o 与 u_i 的相位关系，也可求得放大电路的动态范围。不失真放大的最大输出电压 U_{omax} 为：

$$U_{omax} = \min\{U_{CEQ} - U_{CES}, I_{CQ} \cdot R'_L\}$$

式中，U_{CES} 为晶体管的饱和压降，对于小功率硅管，常取 0.3～1V。

五、放大电路的非线性失真

非线性失真分为截止失真和饱和失真，对由 NPN 型管组成的共射极放大电路来说：

（1）当 Q 点过低时将产生截止失真，输出波形将被削去上半波。为了消除截止失真，可以将 Q 点上移，在图 6.3.2(a)和(b)所示电路中可通过减小 R_b 来实现，在图 6.3.2(c)电路中可通过增大 R_{b2} 或减小 R_{b1} 来实现。

（2）当 Q 点过高时将产生饱和失真，输出波形将被削去下半波。为了消除饱和失真，可以将 Q 点下移，在图 6.3.2(a)和(b)所示电路中可通过增大 R_b 来实现，在图 6.3.2(c)电路中可通过减小 R_{b2} 或增大 R_{b1} 来实现。

Q 点的改变对动态指标的影响如下：

Q 点上移 → I_{BQ} 增大 → I_{EQ} 增大 → r_{be} 减小 → $\begin{cases} \dot{A}_u \text{增大} \\ R_i \text{减小} \\ R_o \text{不变} \end{cases}$

Q 点下移，相应量会产生相反的变化。

6.4 填空题和选择题

一、填空题

6.4.1 某工作于放大状态的三极管，测得 $I_B=20\mu A$，$I_C=1mA$，则其直流电流放大倍数 $\bar{\beta}$ 约为_____。若 I_B 增大到 $40\mu A$ 时，对应的 I_C 增大到 $2.2mA$，则其交流电流放大倍数 β 约为_____。

6.4.2 三极管工作在截止区时，各电极电流为_____，集电极与发射极之间相当于_____，类似于开关的_____状态；三极管工作在饱和区时，如果忽略饱和压降，集电极与发射极之间相当于_____，类似于开关的_____状态。

6.4.3 三极管工作在放大区时，发射结_____，集电结_____；工作在饱和区时，发射结_____，集电结_____。

6.4.4 在分压偏置的共射放大电路中，如果增大 R_c 的阻值，集电极电流 I_{CQ} 将_____，管压降 U_{CEQ} 将_____。

6.4.5 截止失真是由于放大电路的静态工作点接近或达到了三极管的_____而引起的非线性失真，饱和失真则是由于工作点接近或达到了三极管的_____而引起的非线性失真。这两种失真统称为_____失真。

6.4.6 共集电极放大电路又称_____输出器，它的电压放大倍数接近于_____，输出信号与输入信号_____相，输入电阻_____（大、小），输出电阻_____（大、小）。

6.4.7 在共射、共集和共基三种组态的晶体管放大电路中，输入电阻最小的是_____组态，输出电阻最小的是_____组态。输入与输出反相的是_____组态。

6.4.8 在三种基本组态放大电路中，当希望从信号源索取电流较小时，应选用_____组态的放大电路，当希望既能放大电压，又能放大电流时，应选用_____组态。

6.4.9 直流通路是指在_____作用下_____流经的通路，在画直流通路时电容可视为_____，交流信号可视为_____。

6.4.10 交流通路是指在_____作用下_____流经的通路，在画交流通路时电容和_____可视为_____。

二、选择正确的答案填空

6.4.11 采用微变等效电路分析放大电路交流性能指标时，放大电路中的直流电源做短路处理，在实际测试放大电路的交流性能指标时，将直流电源_____。

A. 短路 B. 开路 C. 正常接入电路

6.4.12 测得某正常放大三极管的三个电极 1、2、3 的对地电位分别为：0.3V、1.0V、5.4V，则引脚 1、2、3 对应的三个极为_____。

A. EBC B. ECB C. CBE D. BEC

6.4.13 上题中的晶体管是_____。

A. PNP 硅管 B. NPN 硅管 C. PNP 锗管 D. NPN 锗管

6.4.14 三极管共射输出特性常用一簇曲线来表示，其中每一条曲线对应某参数一个特定的值，此参数为_____。

A. i_C B. u_{CE} C. i_B D. i_E

6.4.15 图 6.4.1 所示电路由于接法错误，并不能实现交流信号放大，其错误为_____。

A. 电源极性接反 B. 发射结被短接
C. 交流信号不能输出 D. 电容 C_1、C_2 极性接反

6.4.16 电路如图 6.4.2 所示，当三极管的 β 由 50 变成 100 时，假设三极管仍然处于放大状态，则电路的电压放大倍数 A_u _____。

A. 约为原来的 1/2 B. 基本不变
C. 约为原来的 2 倍 D. 约为原来的 4 倍

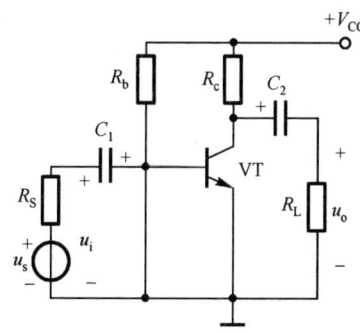

图 6.4.1　题 6.4.15 电路图

6.4.17　电路如图 6.4.2 所示，当三极管的 β 由 50 变成 100 时，假设三极管仍然处于放大状态，则电路的输入电阻 R_i _____。

A．减小很多　　　　　　　　B．基本不变
C．约为原来的 2 倍　　　　　D．约为原来的 4 倍

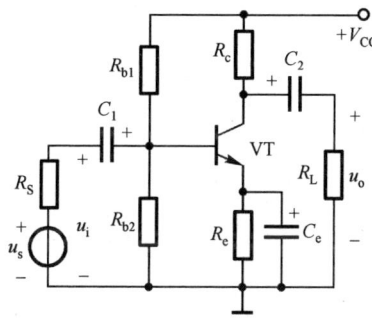

图 6.4.2　题 6.4.16 和题 6.4.17 电路图

6.4.18　放大电路如图 6.4.3(a)所示，三极管的输出特性如图 6.4.3(b)所示，若要静态工作点由 Q_1 移到 Q_2，应使_____；若要静态工作点由 Q_2 移到 Q_3，则应使_____。

A．$R_b\uparrow$　$R_c\downarrow$　　　　　B．$R_b\uparrow$　$R_c\uparrow$
C．$R_b\downarrow$　$R_c\downarrow$　　　　　D．$R_b\downarrow$　$R_c\downarrow$

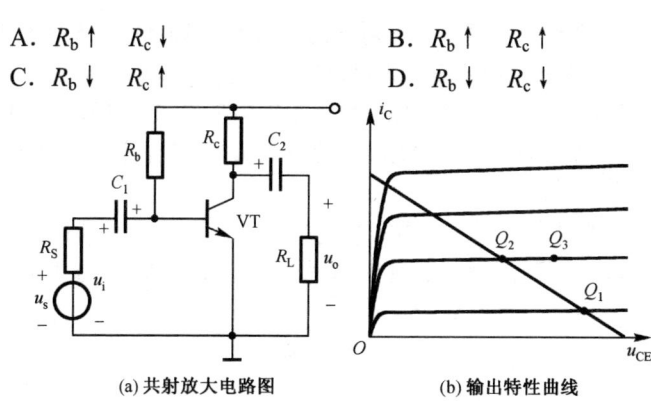

(a) 共射放大电路图　　　(b) 输出特性曲线

图 6.4.3　题 6.4.18 电路图

6.4.19　电路如图 6.4.3(a)所示，其输入、输出电压如图 6.4.4 所示，则该电路产生了_____失真，为了减小这种失真，可以采取的措施为_____。

A．截止　$R_c\uparrow$　　　　　B．饱和　$R_c\downarrow$
C．截止　$R_b\downarrow$　　　　　D．饱和　$R_b\uparrow$

6.4.20　电路如图 6.4.3(a)所示，其输入、输出电压如图 6.4.5 所示，则该电路产生了_____失真，为了减小这种失真，可以采取的措施为_____。

A．截止　$R_c\downarrow$　　　　　B．饱和　$R_c\uparrow$
C．截止　$R_b\downarrow$　　　　　D．饱和　$R_b\uparrow$

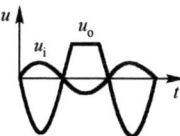　　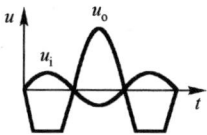

图 6.4.4　题 6.4.19 输入、输出电压波形图　　图 6.4.5　题 6.4.20 输入、输出电压波形图

6.4.21 要求一电路输入电阻很大，输出电阻很小，对放大倍数要求不高，用三极管电路实现，则可以选择_____。

A．共集放大电路　　　B．共射放大电路　　C．共基放大电路

6.4.22 如果要对一宽频带信号进行放大，用三极管电路实现，则应采用_____放大电路。

A．共集电极　　　　B．共发射极　　　　C．共基极

6.4.23 下列电流源电路中，最适宜产生微安级电流输出的电路为_____。

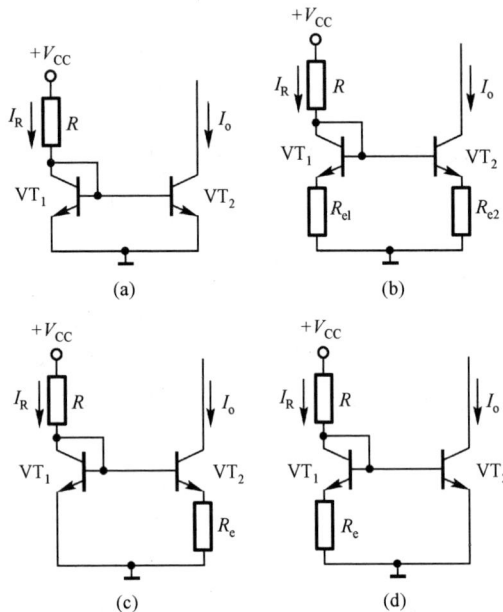

6.5 习题 6

6.5.1 确定图 6.5.1 中三极管其他两个电流的值。

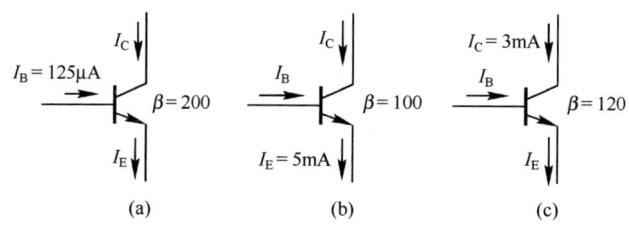

图 6.5.1 习题 6.5.1 图

解：

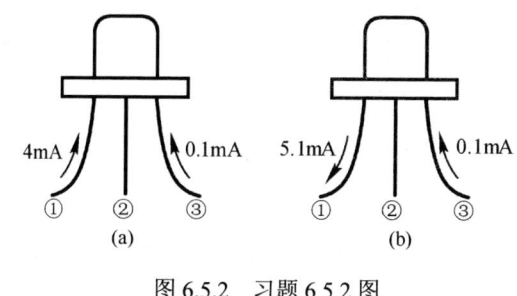

图 6.5.2 习题 6.5.2 图

解：

6.5.2 有两只工作于放大状态的三极管，它们两个引脚的电流大小和实际流向如图 6.5.2 所示。求另一引脚的电流大小，判断管子是 NPN 型还是 PNP 型，三个引脚各是什么电极；并求它们的 β 值。

6.5.3 试判断图 6.5.3 所示电路中开关 S 放在①、②、③哪个位置时的 I_B 最大；放在哪个位置时的 I_B 最小，为什么？

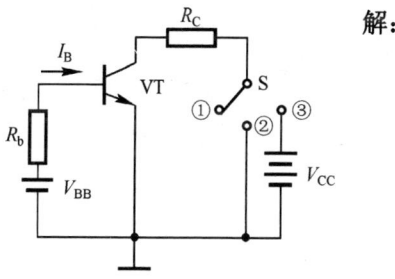

图 6.5.3 习题 6.5.3 图

解：

6.5.4 测得某放大电路中三极管各极直流电位如图 6.5.4 所示，判断三极管的类型（NPN 或 PNP）及三个电极，并分别说明它们是硅管还是锗管。

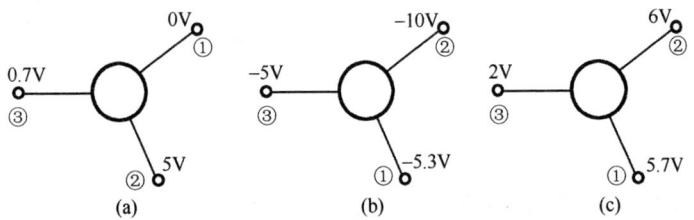

图 6.5.4 习题 6.5.4 图

解：

6.5.5 用万用表直流电压挡测得三极管的各极对地电位如图 6.5.5 所示，判断这些三极管分别处于哪种工作状态（饱和、放大、截止或已损坏）。

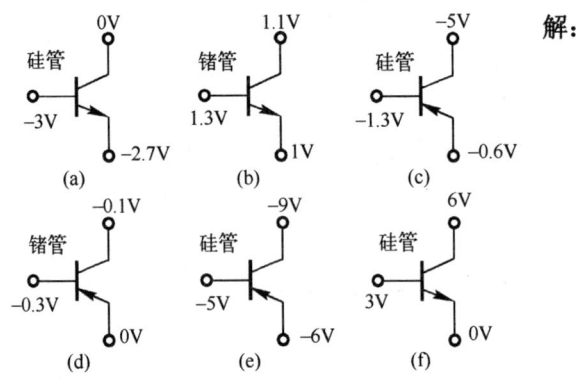

图 6.5.5 习题 6.5.5 图

解：

6.5.6 某三极管的极限参数为 $I_{CM}=20\text{mA}$、$P_{CM}=200\text{mW}$、$U_{(BR)CEO}=15\text{V}$，若它的工作电流 $I_C=10\text{mA}$，那么它的工作电压 U_{CE} 不能超过多少？若它的工作电压 $U_{CE}=12\text{V}$，那么它的工作电流 I_C 不能超过多少？

解：

6.5.7 图 6.5.6 所示电路对正弦信号是否有放大作用？如果没有放大作用，则说明理由并将错误加以改正（设电容的容抗可以忽略）。

6.5.8 确定图 6.5.7 所示电路中 I_{CQ} 和 U_{CEQ} 的值。

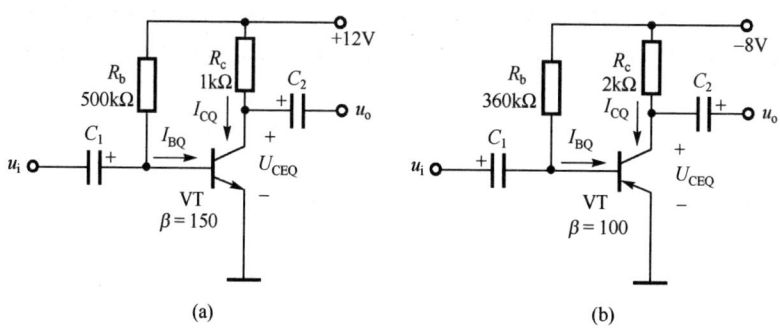

图 6.5.7 习题 6.5.8 电路图

解：

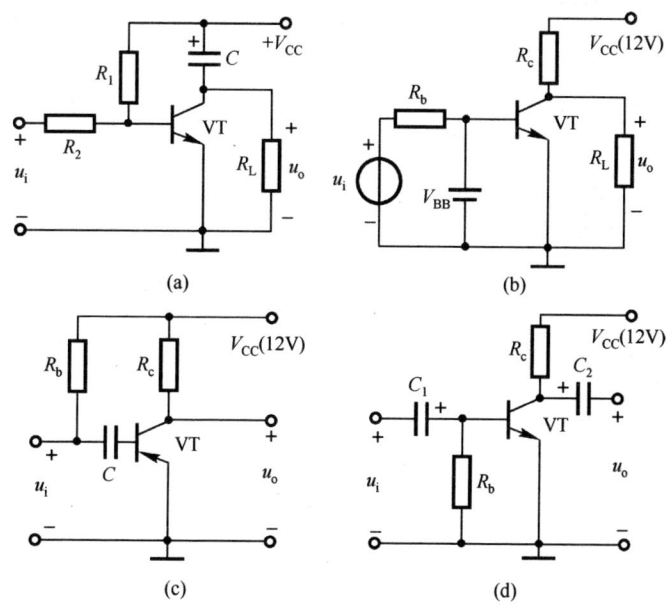

图 6.5.6 习题 6.5.7 电路图

解：

6.5.9 在图 6.5.7(a)所示放大电路中，假设电路其他参数不变，分别改变以下某一项参数时：（1）增大 R_b；（2）增大 V_{CC}；（3）增大 β。试定性说明放大电路的 I_{BQ}、I_{CQ} 和 U_{CEQ} 将增大、减小还是基本不变。

解：

6.5.10 图 6.5.8 所示为放大电路的直流通路，三极管均为硅管，判断它的静态工作点位于哪个区（放大区、饱和区、截止区）。

解：

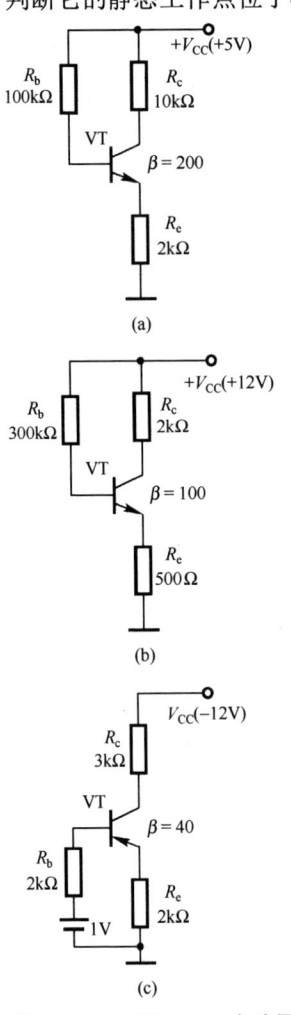

图 6.5.8 习题 6.5.10 电路图

6.5.11 画出图 6.5.9 所示电路的直流通路和微变等效电路，并注意标出电压、电流的参考方向。设所有电容对交流信号均可视为短路。

解：

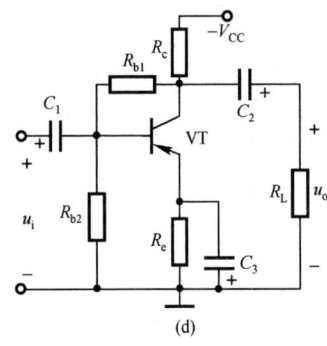

图 6.5.9 习题 6.5.11 电路图（续）

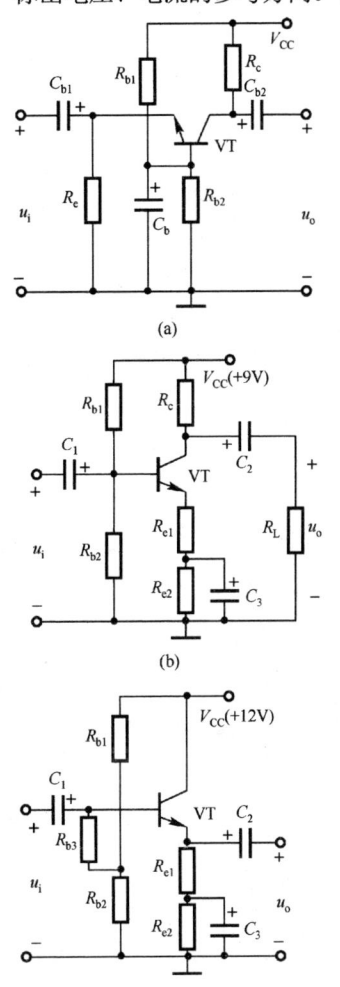

图 6.5.9 习题 6.5.11 电路图

6.5.12 放大电路如图 6.5.10(a)所示。设所有电容对交流均视为短路，U_{BEQ}= 0.7V，β = 50。（1）估算该电路的静态工作点 Q；（2）画出小信号等效电路；（3）求电路的输入电阻 R_i 和输出电阻 R_o；（4）求电路的电压放大倍数 $\dot{A}_u$；（5）若 u_o 出现如图 6.5.10(b)所示的失真现象，问是截止失真还是饱和失真？为消除此失真，应该调整电路中哪个元件，如何调整？

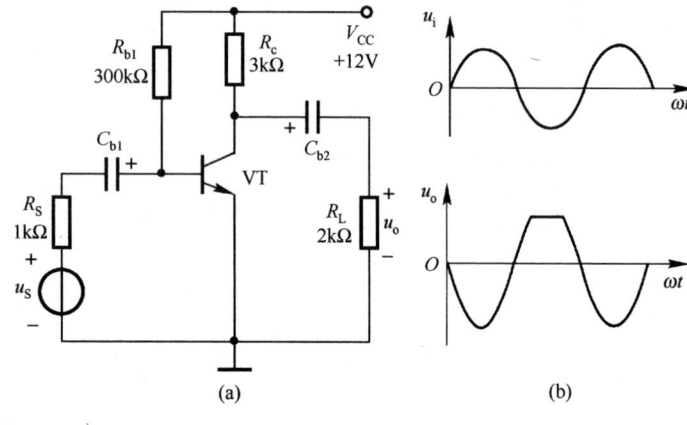

图 6.5.10 习题 6.5.12 电路图

解：

6.5.13 将图6.5.10中的三极管换成一个PNP型三极管，V_{CC} = −12V，重复题 6.5.12。

解：

6.5.14 求解图 6.5.11 所示电路的静态工作点。   **解：**

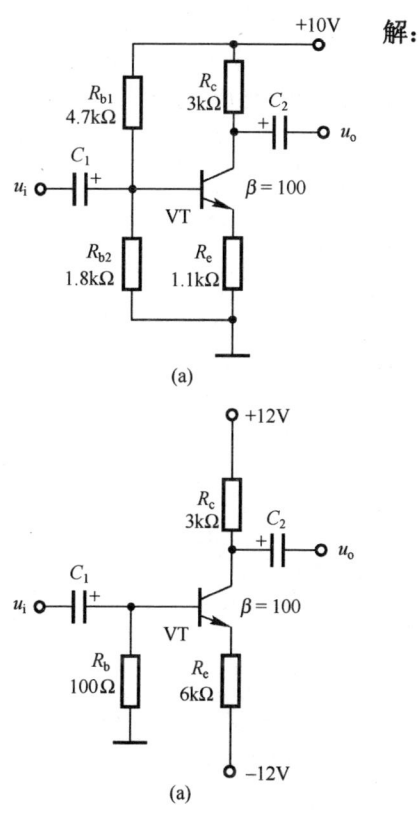

图 6.5.11 习题 6.5.14 电路图

6.5.15 图 6.5.12 所示 NPN 三极管组成的分压式工作点稳定电路中，假设电路其他参数不变，分别改变以下某一项参数时：（1）增大 R_{b1}；（2）增大 R_{b2}；（3）增大 R_e；（4）增大 β。试定性说明，放大电路的 I_{BQ}、I_{CQ}、U_{CEQ}、r_{be} 和 $|\dot{A}_u|$ 将增大、减小还是基本不变。   **解：**

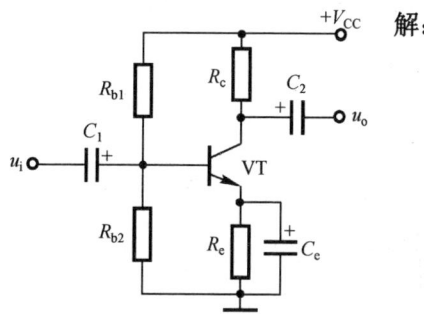

图 6.5.12 习题 6.5.15 电路图

6.5.16 基本放大电路如图 6.5.13 所示。设所有电容对交流均视为短路，$U_{BEQ}=0.7\text{V}$，$\beta=100$，$U_{CES}=0.5\text{V}$。（1）估算电路的静态工作点（I_{CQ}，U_{CEQ}）；（2）求电路的输入电阻 R_i 和输出电阻 R_o；（3）求电路的电压放大倍数 $\dot{A}_u$ 和源电压放大倍数 $\dot{A}_{us}$；（4）求不失真的最大输出电压 U_{omax}。

6.5.17 放大电路如图 6.5.14 所示，设所有电容对交流均视为短路。已知 $U_{BEQ}=0.7\text{V}$，$\beta=100$。（1）估算静态工作点（I_{CQ}，U_{CEQ}）；（2）画出小信号等效电路图；（3）求放大电路输入电阻 R_i 和输出电阻 R_o；（4）计算交流电压放大倍数 $\dot{A}_u$ 和源电压放大倍数 $\dot{A}_{us}$。

解：

解：

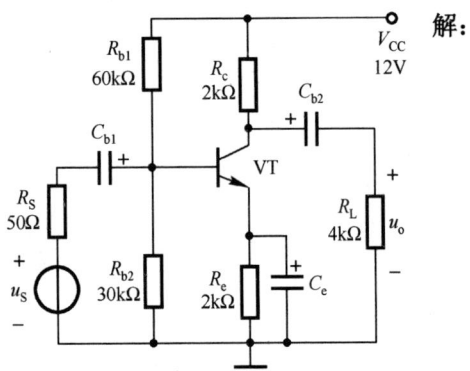

图 6.5.13 习题 6.5.16 电路图

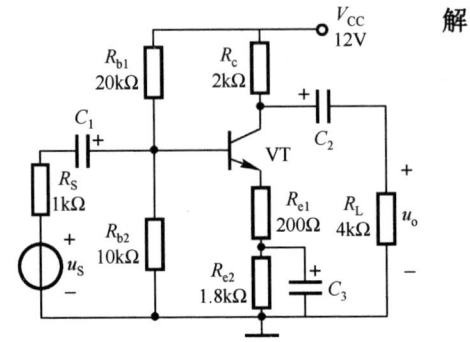

图 6.5.14 习题 6.5.17 电路图

6.5.18 放大电路如图 6.5.15 所示。已知 $V_{CC} = 20\text{V}$，$R_c = 3.9\text{k}\Omega$，$U_{BEQ} = 0.7\text{V}$，要使 $I_{CQ} = 2\text{mA}$，$U_{CEQ} = 7.5\text{V}$，试选择 R_e、R_{b1}、R_{b2} 的阻值。

解：

6.5.19 电路如图 6.5.16 所示，设所有电容对交流均视为短路。已知 $U_{BEQ} = 0.7\text{V}$，$\beta = 100$，r_{ce} 可忽略。（1）估算静态工作点 Q（I_{CQ}、I_{BQ} 和 U_{CEQ}）；（2）求解 $\dot{A}_u$、R_i 和 R_o。

解：

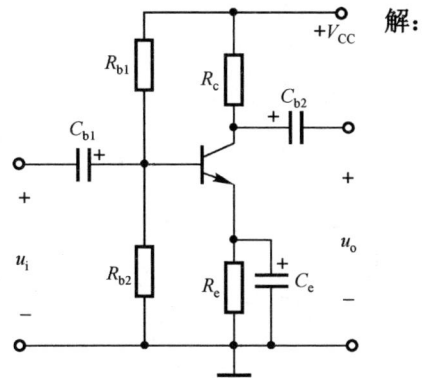

图 6.5.15 习题 6.5.18 电路图

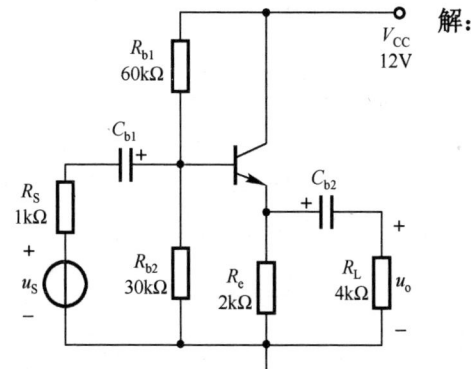

图 6.5.16 习题 6.5.19 电路图

6.5.20 在图 6.5.17 所示的偏置电路中，利用非线性电阻 R_t 的温度补偿作用来稳定静态工作点，问要求非线性元件具有正的还是负的温度系数？

6.5.21 电路如图 6.5.18 所示，设所有电容对交流均视为短路，$U_{BEQ}=-0.7\text{V}$，$\beta=50$。试求该电路的静态工作点 Q、$\dot{A}_u$、R_i 和 R_o。

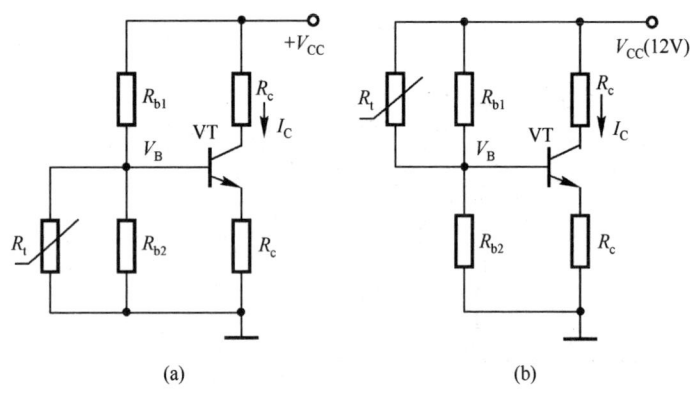

(a)　　　　　　(b)

图 6.5.17　习题 6.5.20 电路图

解：

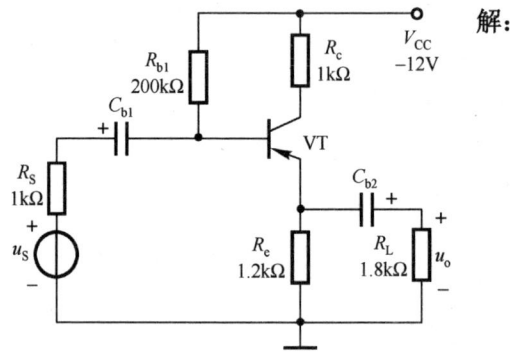

图 6.5.18　习题 6.5.21 电路图

解：

6.5.22 电路如图 6.5.19 所示，设所有电容对交流均视为短路，已知 $U_{BEQ}=0.7\text{V}$，$\beta=20$，r_{ce} 可忽略。（1）估算静态工作点 Q；（2）求解 $\dot{A}_u$、R_i 和 R_o。

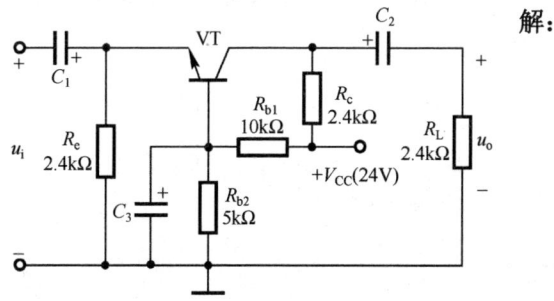

图 6.5.19 习题 6.5.22 电路图

解：

6.5.23 在图 6.5.20 所示电路中，在 VT 的发射极接有一个恒流源，设 $U_{BEQ}=0.7\text{V}$、$\beta=50$，各电容值足够大。试求：
（1）静态工作点（I_{BQ}、I_{CQ}、V_{CQ}）；
（2）动态参数 $\dot{A}_u$、R_i、R_o。

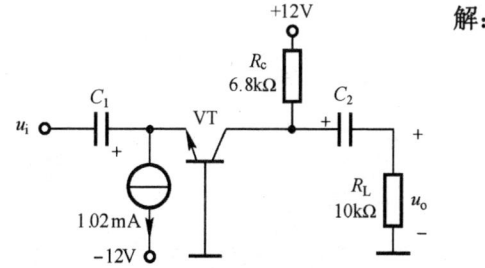

图 6.5.20 习题 6.5.23 电路图

解：

6.5.24 三极管电路如图 6.5.21 所示,已知 VT_1、VT_2 的特性相同,$\beta=100$,$U_{BE}=0.7V$,试求 I_{C1} 的值。

解:

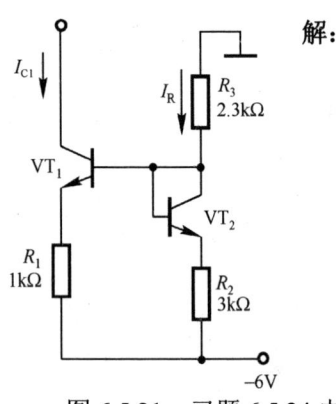

图 6.5.21 习题 6.5.24 电路图

解:

6.5.25 某集成运放的一个单元电路如图 6.5.22 所示,VT_2、VT_3 的特性相同,且 β 足够大,$U_{BE}=0.7V$,$R=1k\Omega$。试问:(1)VT_2、VT_3 和 R 组成什么电路?在电路中起什么作用?(2)电路中 VT_1、R_{e1} 起电平移动作用,当 $u_i=0$ 时,$u_o=0$,求 I_{REF}、I_{C3} 和 R_{e1} 的值。

解:

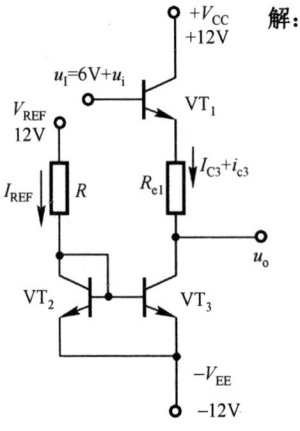

图 6.5.22 习题 6.5.25 电路图

6.5.26 电流源电路如图 6.5.23 所示，已知 $I_o = 10\mu A$，$+V_{CC} = 5V$，$-V_{EE} = -5V$，$I_R = 1mA$ 且 $U_{BE1} = 0.7V$，求 R 和 R_e 的值。

解：

6.5.27 在图 6.5.24 所示电路中，已知所有三极管特性均相同，U_{BE} 均为 0.7V，求 R_{e2} 和 R_{e3} 的阻值。

解：

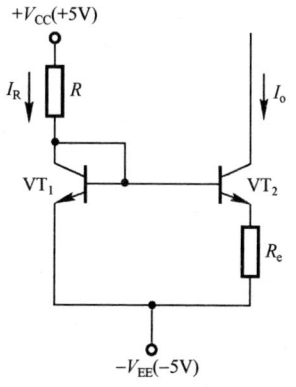

图 6.5.23 习题 6.5.26 电路图

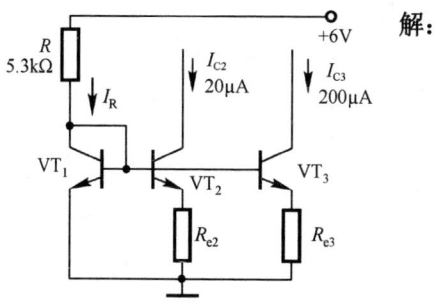

图 6.5.24 习题 6.5.27 电路图

6.5.28 设三极管的参数为 $U_{BE} = 0.7V$,$\beta = 100$,$V_{CC} = 9V$,设计一个输出电流 $I_o = 1.5\text{mA}$ 的镜像电流源。

解:

6.5.29 设三极管的参数为 $U_{BE} = 0.7V$,$U_T = 26\text{mV}$,$V_{CC} = 9V$,设计一个微电流源电路,使 $I_R = 50\mu A$,$I_o = 15\mu A$。

解:

第7章 场效应管放大电路与放大电路的频率响应

7.1 知识要点总结

一、场效应管的基本知识

（1）场效应管是利用电场效应来控制其电流大小的半导体器件，具体来说就是利用栅源电压 u_{GS} 来控制漏极电流 i_D。

（2）场效应管的分类

$$\text{场效应管}\begin{cases}\text{结型场效应管(JFET)}\begin{cases}\text{N沟道}\\\text{P沟道}\end{cases}\\\text{绝缘栅型场效应管(MOSFET)}\begin{cases}\text{增强型}\begin{cases}\text{N沟道}\\\text{P沟道}\end{cases}\\\text{耗尽型}\begin{cases}\text{N沟道}\\\text{P沟道}\end{cases}\end{cases}\end{cases}$$

（3）电路符号

图 7.1.1 所示场效应管电路符号中，箭头方向表示器件的沟道类型。MOS 管中，源区与衬底之间形成 PN 结，图中衬底箭头方向是 PN 结正偏时的正向电流方向，若箭头所示方向为流入衬底，如图 7.1.1(a)、(c)所示，为 N 沟道增强型和耗尽型 MOS 管（类似 NPN 型三极管）；反之，则为 P 沟道 MOS 管。

JFET 中，栅区与源区之间形成 PN 结，箭头标在栅极上，若箭头所示方向为流入栅极，如图 7.1.1(e)所示，则为 N 沟道 JFET（类似 NPN 型三极管）；反之，则为 P 沟道 JFET。

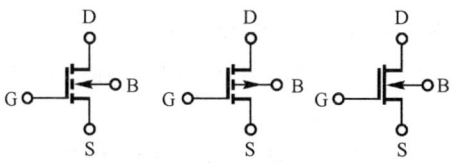
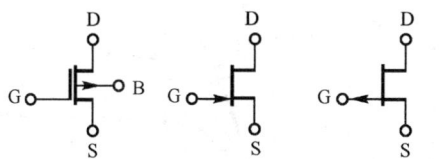

(a) N沟道增强型　(b) P沟道增强型　(c) N沟道耗尽型

(d) P沟道耗尽型　(e) N沟道结型　(f) P沟道结型

图 7.1.1　场效应管电路符号

是增强型管还是耗尽型管，是通过电路符号中的沟道线表示的。若沟道线是虚线，如图 7.1.1(a)、(b)所示，则为增强型场效应管，表明 $u_{GS}=0$ 时，导电沟道还没有形成。若沟道线是实线，如图 7.1.1(c)、(d)、(e)、(f)所示，则为耗尽型，表明 $u_{GS}=0$ 时，导电沟道已经存在。

二、场效应管伏安特性曲线

场效应管的伏安特性包括输出特性与转移特性，N 沟道增强型 MOS 管的特性曲线如图 7.1.2 所示。输出特性曲线与三极管的类似，反映 u_{GS} 为常数时，u_{DS} 与漏极电流 i_D 的关系。因为场效应管的 $i_G \approx 0$，故不讨论输入特性曲线，转移特性曲线不同于三极管的输入特性曲线，它反映的是 u_{DS} 为常数时，u_{GS} 对 i_D 的控制作用。输出特性曲线可划分为 3 个区域，以 N 沟道增强型 MOS 管为例说明如下。

（1）可变电阻区（非饱和区）：特性曲线起始上升部分

工作条件：$u_{GS} > U_{th}$，$u_{DS} < u_{GS} - U_{th}$，沟道预夹断前的区域。

可变电阻区特点：i_D 同时受 u_{GS} 和 u_{DS} 的控制，当 u_{GS} 为常数时，u_{DS} 增大，i_D 近似线性增大，表现为电阻特性；当 u_{DS} 为常数时，u_{GS} 增加，则 i_D 增加，又表现为一种压控电阻的特性，故称为可变电阻区。可变电阻区（非饱和区）对应晶体三极管的饱和区。

耗尽型　$i_D \approx I_{DSS}\left(1 - \dfrac{u_{GS}}{U_p}\right)^2$

（2）微变等效电路模型

交流工作时，场效应管的微变等效电路模型如图 7.1.3 所示。图中，g_m 为低频跨导。对于 JFET 和耗尽型 MOSFET，有 $g_m = -\dfrac{2\sqrt{I_{DSS}I_{DQ}}}{U_P}$，对于增强型 MOSFET，有 $g_m = 2K(U_{GSQ} - U_{th})$。

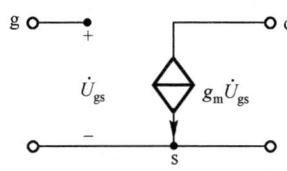

图 7.1.3　场效应管的微变等效电路模型

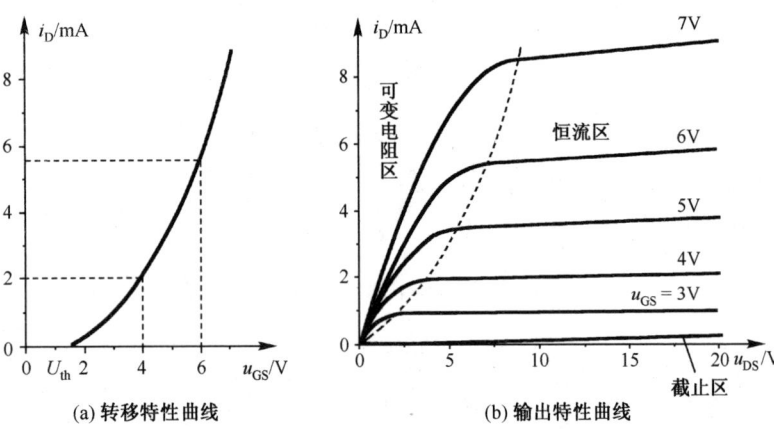

(a) 转移特性曲线　　(b) 输出特性曲线

图 7.1.2　N 沟道增强型 MOS 管的特性曲线

（2）饱和区（恒流区）：特性曲线近似平坦的区域

工作条件：$u_{GS} > U_{th}$，$u_{DS} > u_{GS} - U_{th}$，沟道预夹断后的区域。

饱和区特点：i_D 只受 u_{GS} 的控制，而与 u_{DS} 近似无关，表现出类似晶体三极管的正向受控作用。饱和区对应晶体三极管的放大区。

（3）截止区：对应 $i_D = 0$ 以下的区域

工作条件：$u_{GS} < U_{th}$，沟道未形成的区域。

截止区特点：$i_G \approx 0$，$i_D \approx 0$，相当于场效应管 3 个电极断开，与晶体三极管截止区特点类似。

场效应管的微变等效电路与三极管的微变等效电路非常相似，区别在于，晶体三极管的发射结正偏，输入电阻 r_{be} 较小，而场效应管 $i_G \approx 0$，输入电阻 $r_{gs} \to \infty$，所以输入端开路。场效应管的微变等效电路是一个电压控制电流器件。

四、放大电路的频率响应

1. 评价三极管高频性能的 3 个特征参数

（1）共射极截止频率 f_β：使 $|\dot{\beta}|$ 下降为 $0.707\beta_0$ 时的频率。

（2）特征频率 f_T：使 $|\dot{\beta}|$ 下降到 1（即 0dB）时的频率。

（3）共基极截止频率 f_α：$\dot{\alpha}$ 下降为 $0.707\alpha_0$ 时的频率。

关系为：$f_T \approx \beta_0 f_\beta$，$f_\alpha = (1+\beta_0)f_\beta \approx f_\beta + f_T$，所以有 $f_\beta \ll f_T < f_\alpha$。

2. 电抗元件对各频段的影响

中频段：电路中的所有电抗影响均可忽略不计，放大器的增益和相角均为常数，不随频率变化。

三、放大模式下场效应管的模型

（1）数学模型

转移特性的近似数学表达式为

增强型　$i_D = K(u_{GS} - U_{th})^2$

低频段：影响低频响应的主要因素是耦合及旁路电容，随频率的减小，增益减小并产生附加相移。

高频段：影响高频响应的主要因素是晶体管极间电容，随频率的增大，增益减小并产生附加相移。

3. 晶体三极管的混合π型等效模型及其单向化简化

晶体三极管的混合π型等效模型如图7.1.4(a)所示，其单向化简化模型如图7.1.4(b)所示。

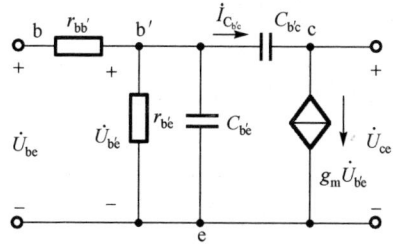

(a) 晶体管混合π型等效模型

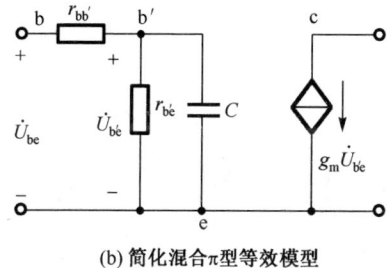

(b) 简化混合π型等效模型

图 7.1.4　晶体管混合π模型及其单向化简化模型

图中，$C = C_{b'e} + (1-\dot{K})C_{b'c}$，$\dot{K} = -g_m R'_L$。

4. 场效应管的高频小信号模型及其单向化简化模型

场效应管的高频小信号模型如图7.1.5(a)所示，其单向化简化模型如图7.1.5(b)所示。

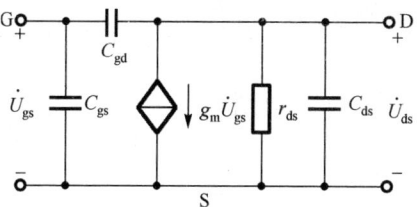

(a) 场效应管高频小信号模型

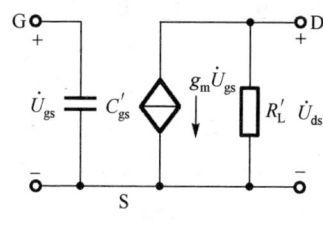

(b) 简化模型

图 7.1.5　场效应管高频小信号电路模型及其单向化简化模型

图中，$C'_{gs} = C_{gs} + C_{M1} = C_{gs} + (1-\dot{K})C_{gd}$，$\dot{K} = -g_m R'_L$。

7.2　本章重点与难点

1. 场效应管的工作原理、输出特性、转移特性
2. 共源极与共漏极放大电路的工作原理
3. 场效应管的偏置方式及解析法求解静态工作点
4. 应用微变等效电路法对场效应管放大电路进行动态分析
5. 单管放大电路的 f_L、f_H、A_{usm} 的计算

7.3 重点分析方法与步骤

一、场效应管类型判别

场效应管类型的判别主要是考察对各类型场效应管转移特性的掌握程度。

分析步骤如下：

（1）根据 i_D 实际方向来判断是 N 沟道还是 P 沟道，如果 i_D 是从漏极流出，则为 P 沟道，反之则为 N 沟道。

（2）根据 $u_{GS}=0$ 时 i_D 是否为零来判断是耗尽型还是增强型，如果当 $u_{GS}=0$ 时，i_D 不为零，则为耗尽型管，否则为增强型。增强型管一定是 MOSFET；如果 u_{GS} 既可以取负值、正值，也可以取零值，则为 MOSFET，如果仅能取零和负值（或正值），则为 JFET。

二、场效应管的工作状态判别

场效应管工作状态的判别主要是考察对场效应管转移特性和输出特性曲线的掌握程度。

分析步骤如下：

（1）首先求解出 U_{GSQ} 和 I_{DQ}，根据 U_{GSQ} 来判断是否处于截止区，对于 N 沟道，如果 $U_{GSQ}<U_{th}$（或者 U_P），则管子截止。对于 P 沟道，如果 $U_{GSQ}>U_{th}$（或 U_P），则管子截止。

（2）如果管子没有处于截止区，则根据前一步的计算结果，计算出 U_{DSQ} 的值。

对于 N 沟道，如果 $U_{DSQ}>U_{GSQ}-U_{th}$（或 U_P），则管子处于饱和区（恒流区）；反之，则处于可变电阻区。

对于 P 沟道，如果 $U_{DSQ}<U_{GSQ}-U_{th}$（或 U_P），则管子处于饱和区（恒流区）；反之，则处于可变电阻区。

（3）对照管子的击穿参数，判别管子是否处于击穿区。

三、场效应管放大电路分析

场效应管放大电路的分析可以类比三极管放大电路的分析。可以用估算法分析直流电路工作点，采用微变等效电路分析电路动态指标。

1. 静态分析，确定静态工作点 Q（U_{GSQ}、I_{DQ}、U_{DSQ}）

分析步骤如下：

（1）画出放大电路直流通路。常见的静态偏置电路如图 7.3.1 所示。

（2）根据偏置电路写出管外电路 U_{GS} 和 I_D 之间的关系式，根据 FET 的类型选择合适的数学模型。

对于图 7.3.1(a)所示的自给偏压电路有：

$$U_{GSQ}=-I_{DQ}\cdot R_s, \quad I_{DQ}=I_{DSS}\left(1-\frac{U_{GSQ}}{U_P}\right)^2$$

对于图 7.3.1(b)所示的分压式偏置电路有：

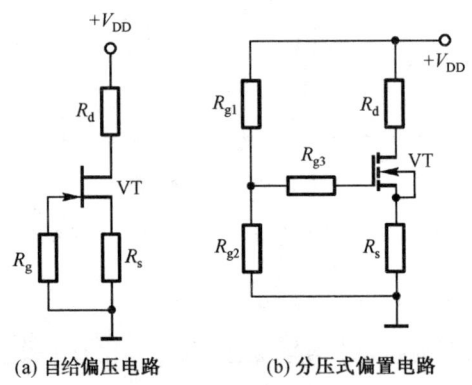

(a) 自给偏压电路　　(b) 分压式偏置电路

图 7.3.1　静态偏置电路

$$U_{GSQ} = \frac{R_{g2}}{R_{g1}+R_{g2}}V_{DD} - I_{DQ}R_s, \quad I_{DQ} = K(U_{GSQ}-U_{th})^2$$

（3）联立求解上述方程，求解出 U_{GSQ} 和 I_{DQ} 的值。与三极管的静态分析不同，通常场效应管的静态分析会求解出两组 U_{GSQ} 和 I_{DQ} 的值。此时应根据管子的类型和参数，舍去不合理的那一组解。具体方法可参见前述管子工作状态判别部分，将属于截止区的那一组解舍去。

根据 U_{GSQ} 和 I_{DQ} 的值，计算出 U_{DSQ} 的值，并判断管子是否处于恒流区，如果处于恒流区，则进行动态分析。

2. 动态分析，求解 $\dot{A}_u$、R_i、R_o、$\dot{A}_{us}$

分析步骤如下：

（1）根据静态分析结果求出跨导参数 g_m 的值。
（2）根据放大电路图画出其交流通路。
（3）将场效应管部分用微变等效电路模型替换，得到整个放大电路的微变等效电路图。
（4）根据画出的微变等效电路进行动态参数求解。

四、放大电路的频率特性分析方法

将放大电路分为 3 个工作区：低频区、中频区和高频区。画出各区等效电路，分区进行分析。

（1）中频区

结电容、分布电容、负载电容视作开路；直流电源、耦合电容和射极旁路电容视为短路。画出等效电路，据此求得中频电压放大倍数 $\dot{A}_{um}$。

（2）低频区（采用短路时间常数法求下限截止频率 f_L）

① 结电容、分布电容、负载电容视为开路，直流电源对交流信号视为短路，保留耦合电容和射极旁路电容，画出等效电路。

② 分别考虑各耦合电容及旁路电容的影响，考虑某个电容 C_1 时，其他电容全部短路，电压源短路，电流源开路，求出从电容 C_1 端口视入的戴维南等效电阻 R_1，则 $\tau_1 = R_1C_1$，$\omega_1 = 1/\tau_1$，求出各自的下限频率 $\omega_2 = 1/\tau_2, \omega_3 = 1/\tau_3$。总的 $\omega_L \approx \sqrt{\omega_1^2 + \omega_2^2 + \omega_3^2}$，$f_L = \omega_L/(2\pi)$。

③ 写出频率特性：$\dot{A}_{usL} = \dot{A}_{usm} \cdot \dfrac{1}{1+\dfrac{f_L}{jf}}$

（3）高频区

直流电源、耦合电容和射极旁路电容视为短路，结电容、分布电容、负载电容保留，画出等效电路，将此电路进行单向化简化，由于输出回路的时间常数通常比输入回路的小很多，所以主要考虑输入回路电容的影响，据此求得上限截止频率 f_H 和频率特性为：

$$\dot{A}_{usH} = \dot{A}_{usm} \cdot \frac{1}{1+j\dfrac{f}{f_H}}。$$

（4）将低频特性表达式和高频特性表达式综合起来，即为放大电路全频段的频率特性表达式：

$$\dot{A}_{us} = \dot{A}_{usm} \cdot \frac{1}{\left(1+j\dfrac{f}{f_H}\right)\left(1+\dfrac{f_L}{jf}\right)}$$

7.4 填空题和选择题

一、填空题

7.4.1 场效应管属于_____控制器件，它是利用输入电压产生的_____来控制输出电流。场效应管从结构上可以分成_____和_____两大类。各类又有_____沟道和_____沟道的区别。

7.4.2 场效应管的三个电极分别是_____、_____和_____。

7.4.3 场效应管的输入电阻_____，其漏极电流 i_D 主要受到_____控制。

7.4.4 场效应管跨导 g_m 表示_____对漏极电流 i_D 的控制能力的强弱。

7.4.5 某放大电路电压放大倍数 $\dot{A}_u$ 的折线近似幅频特性如图 7.4.1 所示。由此可知中频电压放大倍数 $|\dot{A}_{um}|$ 为_____倍，下限截止频率为_____，上限截止频率为_____，当信号频率恰好等于上限截止频率或下限截止频率时，该电路的实际电压增益约为_____dB。

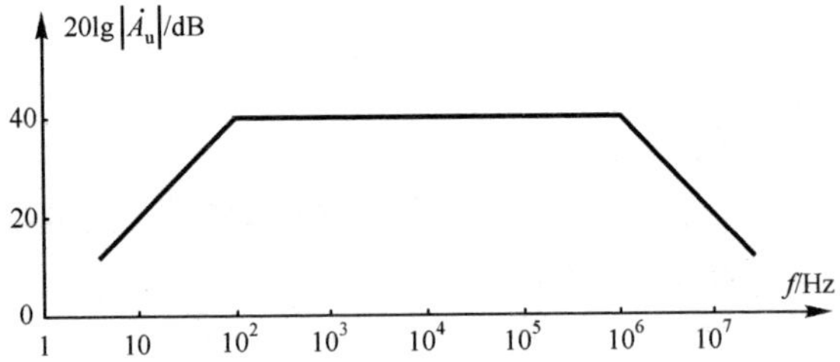

图 7.4.1 题 7.4.5 图

7.4.6 三极管电流放大系数是频率的函数，随着频率的升高而_____（升高、降低）。共基极电路比共射极电路高频特性_____（好、坏）。

7.4.7 三极管的高频参数为 f_T 和 β，则共射极截止频率 f_β 约为_____，共基极截止频率 f_α 约为_____。

7.4.8 在图 7.4.2 所示电路中，如分别改变下列参数，放大电路的指标将如何变化_____（增大、减小、不变）。

（1）增加电容 C_1 的容量，则中频电压放大倍数 $|\dot{A}_{um}|$ _____，下限频率 f_L _____，上限频率 f_H _____。

（2）减小电阻 R_c，则 $|\dot{A}_{um}|$ _____，下限频率 f_L _____，上限频率 f_H _____。

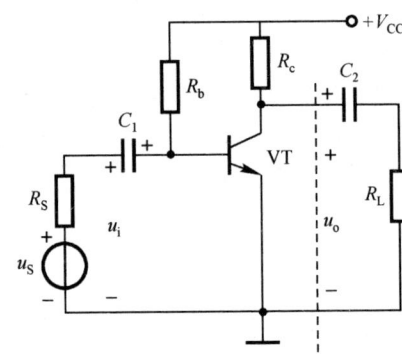

图 7.4.2 题 7.4.8 图

二、选择正确的答案填空

7.4.9 场效应管的跨导 g_m 的含义为_____。

A. $g_m = \dfrac{\partial u_{GS}}{\partial u_{DS}}$ B. $g_m = \dfrac{\partial u_{DS}}{\partial i_D}$

C. $g_m = \dfrac{\partial i_D}{\partial u_{GS}}$ D. $g_m = \dfrac{\partial i_D}{\partial i_G}$

7.4.10 场效应管的转移特性如图 7.4.3 所示，则该管子类型为_____。

A. 结型 N 沟道场效应管 B. 增强型 N 沟道场效应管
C. 耗尽型 N 沟道场效应管 D. 增强型 P 沟道场效应管

7.4.11 场效应管的转移特性是在 u_{DS} 为固定值时_____的关系曲线。

A. u_{GS} 与 i_G B. u_{DS} 与 i_G C. u_{GS} 与 i_D D. u_{DS} 与 i_D

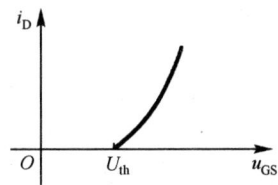

图 7.4.3 题 7.4.10 转移特性

7.4.12 N 沟道增强型绝缘栅场效应管，工作在恒流区时其栅源电压 U_{GS} 为_____。

A．正极性　　　　　　　　B．负极性
C．等于零　　　　　　　　D．不能确定极性

7.4.13 耗尽型场效应管的跨导 g_m 和静态电流 I_{DQ} 的关系为_____。

A．与 I_{DQ} 成正比　　　　B．与 $\sqrt{I_{DQ}}$ 成正比
C．与 I_{DQ}^2 成正比　　　　D．与 I_{DQ} 成反比

7.4.14 在图 7.4.4 所示的几个偏置电路中，能够正常工作于恒流区的是_____。

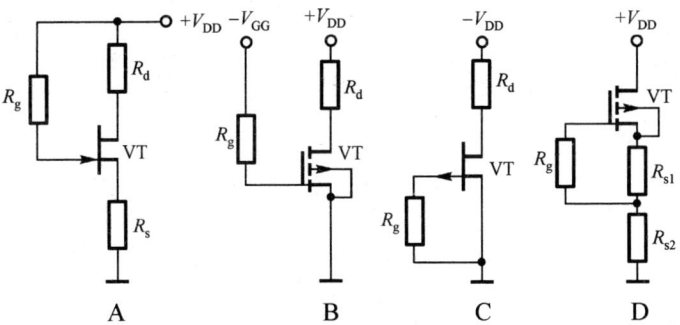

图 7.4.4 题 7.4.14 电路图

7.4.15 多级放大电路与单级放大电路相比，总的通频带一定比它的任何一级都_____，级数愈多则上限频率 f_H 越_____，高频附加相移_____。

A．大　　　　B．小　　　　C．宽　　　　D．窄

7.5 习题 7

7.5.1 图 7.5.1 所示为场效应管的转移特性,请分别说明场效应管各属于何种类型。说明它的开启电压 U_{th}(或夹断电压 U_P)约为多少。

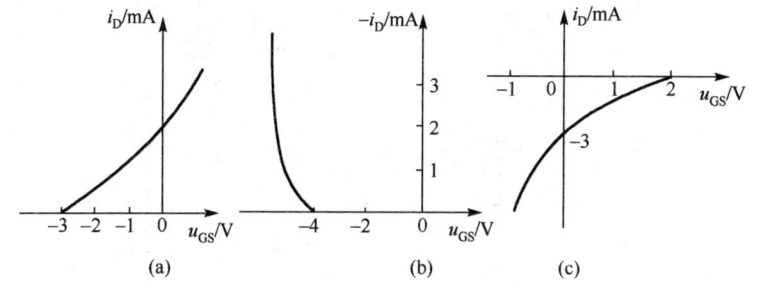

图 7.5.1 习题 7.5.1 图

解:

7.5.2 图 7.5.2 所示为场效应管的输出特性曲线,分别判断各场效应管属于何种类型(增强型、耗尽型、N 沟道或 P 沟道),说明它的夹断电压 U_P(或开启电压 U_{th})是多少。

解:

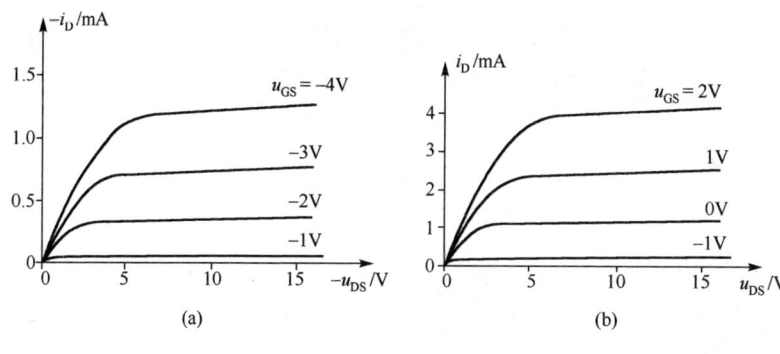

图 7.5.2 习题 7.5.2 图

7.5.3 某 MOSFET 的 $I_{DSS} = 10\text{mA}$,且 $U_P = -8\text{V}$:(1)此元件是 P 沟道还是 N 沟道;(2)计算 $U_{GS} = -3\text{V}$ 时的 I_D;(3)计算 $U_{GS} = 3\text{V}$ 时的 I_D。

解:

7.5.4 画出下列 FET 的转移特性曲线。

（1） $U_P = -6V$，$I_{DSS} = 1mA$ 的 MOSFET；

（2） $U_{th} = 8V$，$K_n = 0.2mA/V^2$ 的 MOSFET。

解：

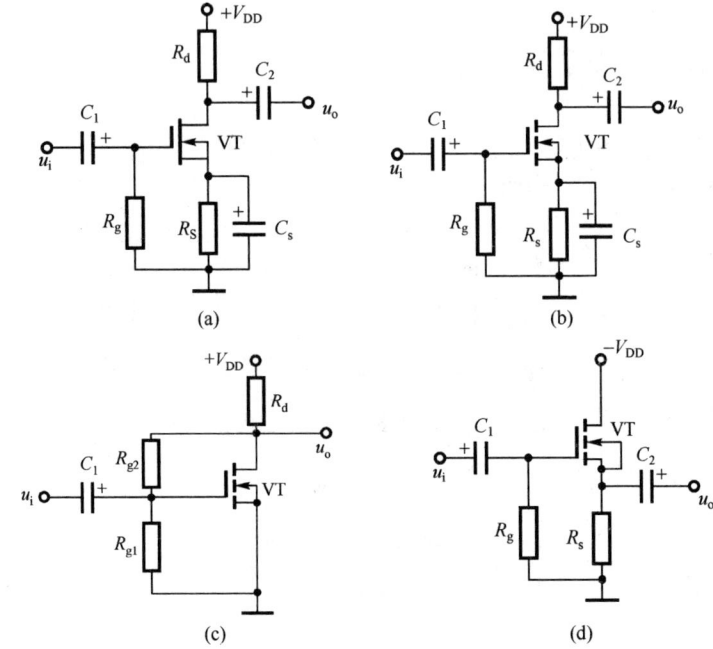

图 7.5.3 习题 7.5.6 电路图

7.5.5 试在具有四象限的直角坐标上分别画出 4 种类型 MOSFET 的转移特性示意图，并标明各自的开启电压或夹断电压。

解：

7.5.6 判断图 7.5.3 所示各电路是否有可能正常放大正弦信号。电容对交流信号可视为短路。

解：

7.5.7 电路如图 7.5.4 所示，MOSFET 的 $U_{th} = 2V$，$K_n = 50mA/V^2$，确定电路 Q 点的 I_{DQ} 和 U_{DSQ} 值。

解：

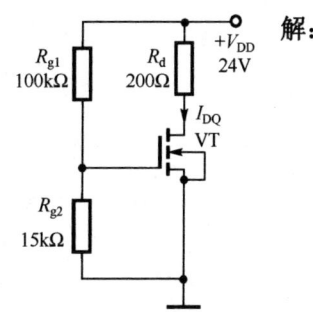

图 7.5.4　习题 7.5.7 电路图

7.5.8 试求图 7.5.5 所示每个电路的 U_{DS}，已知 $|I_{DSS}| = 8mA$。

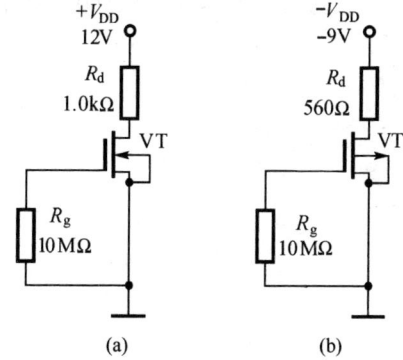

图 7.5.5　习题 7.5.8 电路图

解：

7.5.9 电路如图7.5.6所示，已知VT在U_{GS} = 5V 时的I_D = 2.25mA，在U_{GS} = 3V 时的I_D = 0.25mA。现要求该电路中FET的V_{DQ} = 2.4V、I_{DQ} = 0.64mA，试求：

（1）管子的K_n和U_{th}的值；
（2）R_d和R_s的值应各取多大？

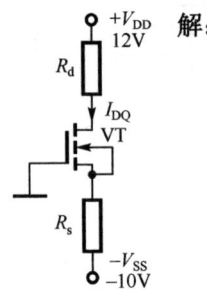

图7.5.6 习题7.5.9 图

7.5.10 电路如图7.5.7所示，已知FET的U_{th} = 3V、K_n = 0.1mA/V^2。现要求该电路中FET的I_{DQ} = 1.6mA，试求R_d的值。

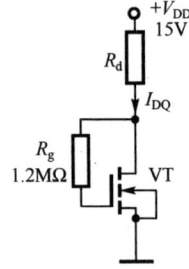

图7.5.7 习题7.5.10 图

解：

解：

7.5.11 电路如图 7.5.8 所示，已知场效应管 VT 的 U_{th} = 2V，$U_{(BR)DS}$ = 16V、$U_{(BR)GS}$ = 30V，当 U_{GS} = 4V、U_{DS} = 5V 时 I_D = 9mA。请分析这 4 个电路中的场效应管各工作在什么状态（截止、恒流、可变电阻、击穿）？

7.5.12 图 7.5.9 所示场效应管工作于放大状态，r_{ds} 忽略不计，电容对交流视为短路，跨导 g_m = 1mS。（1）画出电路的交流小信号等效电路；（2）求电压放大倍数 $\dot{A}_u$ 和源电压放大倍数 $\dot{A}_{us}$；（3）求输入电阻 R_i 和输出电阻 R_o。

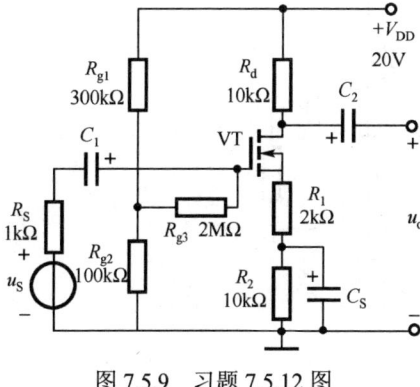

图 7.5.9　习题 7.5.12 图

解：

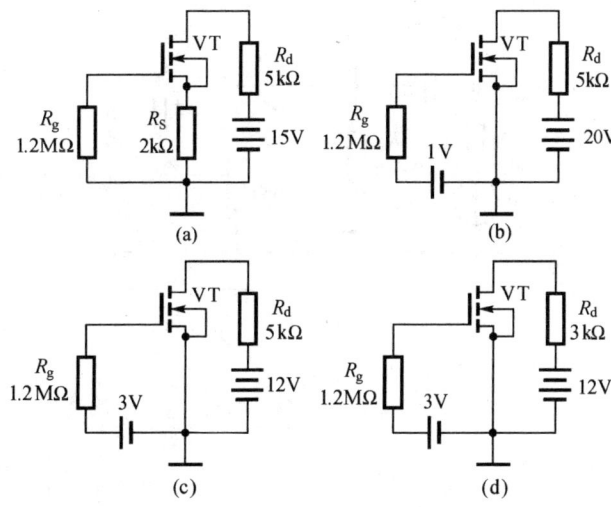

图 7.5.8　习题 7.5.11 图

解：

7.5.13 电路如图 7.5.10 所示，已知 FET 在 Q 点处的跨导 $g_m = 2\text{mS}$，试求该电路的 $\dot{A}_u$、R_i、R_o 值。

解：

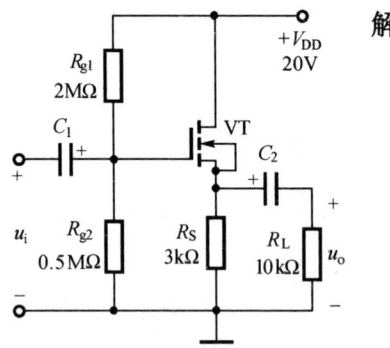

图 7.5.10　习题 7.5.13 电路图

7.5.14 电路如图 7.5.11 所示，场效应管的 $g_m = 11.3\text{mS}$，r_{ds} 忽略不计。试求共漏放大电路的源电压增益 $\dot{A}_{us}$、输入电阻 R_i 和输出电阻 R_o。

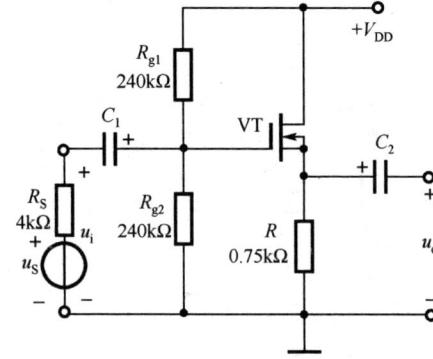

图 7.5.11　习题 7.5.14 电路图

解：

7.5.15 放大电路如图 7.5.12 所示，已知场效应管的 $I_{DSS} = 1.6\text{mA}$，$U_P = -4\text{V}$，r_{ds} 忽略不计，若要求场效应管静态时的 $U_{GSQ} = -1\text{V}$，各电容均足够大。试求：（1）R_{g1} 的阻值；（2）$\dot{A}_u$、R_i 及 R_o 的值。

解：

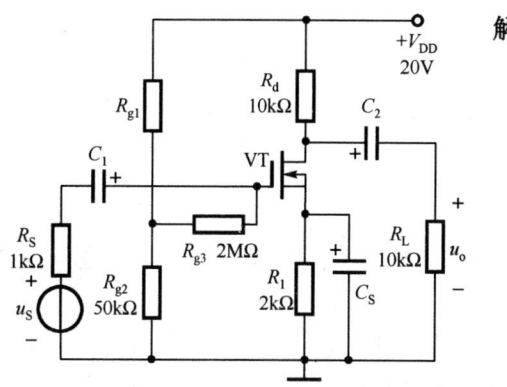

图 7.5.12 习题 7.5.15 电路图

7.5.16 电路如图 7.5.13 所示，已知 FET 的 $I_{DSS} = 3\text{mA}$，$U_P = -3\text{V}$，$U_{(BR)DS} = 10\text{V}$。试问：在下列 3 种条件下，FET 各处于哪种状态？（1）$R_d = 3.9\text{k}\Omega$；（2）$R_d = 10\text{k}\Omega$；（3）$R_d = 1\text{k}\Omega$。

解：

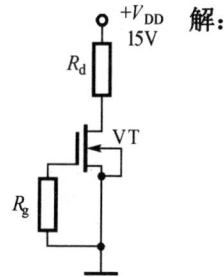

图 7.5.13 习题 7.5.16 图

7.5.17 源极输出器电路如图 7.5.14 所示，已知场效应管在工作点上的跨导 $g_m = 0.9\text{mS}$，r_{ds} 忽略不计，其他参数如图 7.5.14 所示。求电压增益 $\dot{A}_u$、输入电阻 R_i 和输出电阻 R_o。

解：

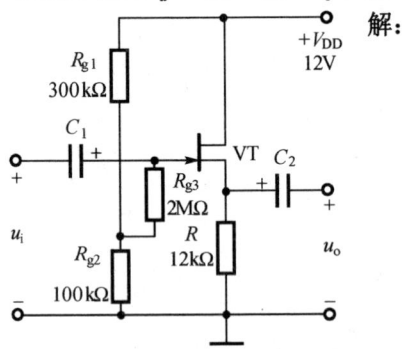

图 7.5.14 习题 7.5.17 电路图

7.5.18 在低频段的小信号等效电路中，要考虑哪些电容，不需要考虑哪些电容？在高频段呢？

解：

7.5.19 什么是三极管的共射极截止频率？什么是三极管的共基极截止频率？什么是三极管的特征频率？三者之间的关系是怎样的？

解：

7.5.20 放大电路频率响应的分析为什么可以分频段来进行？

解：

7.5.21 已知某放大电路的电压增益为 $\dot{A}_u = \dfrac{2\mathrm{j}f}{\left(1+\mathrm{j}\dfrac{f}{50}\right)\left(1+\mathrm{j}\dfrac{f}{10^6}\right)}$。

（1）求解 $\dot{A}_{um}$、f_L、f_H；

（2）画出波特图。

解：

7.5.22 已知某放大电路的波特图如图 7.5.15 所示，试写出电压放大倍数 $\dot{A}_u$ 的表达式。

解：

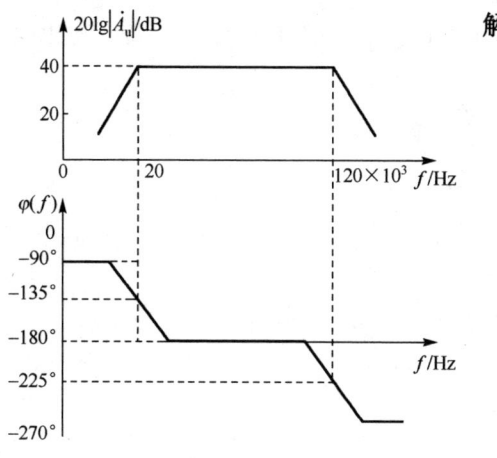

图 7.5.15　习题 7.5.22 电路图

7.5.23 阻容耦合放大器幅频特性如图 7.5.16 所示，试问：

（1）给放大器输入 $U_i = 5\text{mV}$，$f = 5\text{kHz}$ 的正弦信号时，输出电压 U_o 是多少？

（2）给放大器输入 $U_i = 3\text{mV}$，$f = 30\text{kHz}$ 的正弦信号时，输出电压 U_o 是多少？

（3）求该放大器的通频带 f_{BW}。

解：

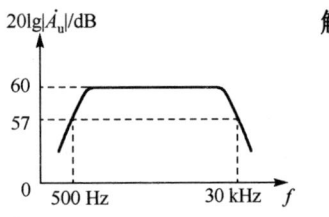

图 7.5.16 习题 7.5.23 电路图

7.5.24 设某三级放大器，各级放大电路的上限截止频率分别为 $f_{\text{H1}} = 6\text{kHz}$，$f_{\text{H2}} = 25\text{kHz}$，$f_{\text{H3}} = 50\text{kHz}$，中频增益为 100，试求该放大器的上限频率。

解：

第8章 低频功率放大电路

8.1 知识要点总结

一、功率放大电路的特点和分类

1. 功率放大电路的用途

功率放大电路是将信号的功率放大,它输入的是大的电压信号,输出信号则既要有较大的电压,又要有足够的电流,即有大的功率。在功率放大电路中,功放管在输入信号的驱动下,将直流电源的电能转换成电压、电流的波形与输入信号相同的交流大信号,从而给负载提供电能,所以说功放电路是一种能量转换电路。

2. 功率放大电路的特点及技术要求

(1) 要求输出足够大的功率。

为了获得大的功率输出,要求功放管的电压和电流都有足够大的输出幅度。

(2) 要有尽可能高的转换效率 η:

$$\eta = \frac{P_o}{P_V}$$

式中,P_o 为功放的输出功率,P_V 是直流电源供给功率。

(3) 非线性失真尽可能小。

(4) 功率放大电路工作在大信号状态,小信号模型已不再适用,故通常采用图解法。

(5) 其电压和电流大幅度摆动,功放管往往在接近极限状态下工作,所以要根据极限参数的要求选择功放管。并要考虑过电压和过电流保护措施。此外,为了充分利用 P_{CM} 而使功放管输出足够大的功率,应考虑其散热问题。

3. 分类

(1) 按耦合方式分类:直接耦合、变压器耦合和电容耦合。

(2) 按功放管类型分类:三极管功放、场效应管功放、集成功放。

(3) 按电路形式分类:单管功放、推挽式功放、桥式功放。

(4) 按器件的工作状态分类:在信号的一个周期内,功放管导通的时间所对应的电角度称为导通角,根据导通角的大小功放电路可分为甲类、乙类、甲乙类。

二、功放电路的研究重点

功放电路的研究重点是电路的组成、工作原理、消除失真的方法、最大输出功率和效率的计算。

1. 工作状态、效率及失真情况

甲类、乙类和甲乙类功放电路的工作状态、效率及失真情况的比较如表 8.1.1 所示。

表 8.1.1 三类功放电路的对比

	甲类	乙类	甲乙类
工作点	Q 点在特性曲线线性部分 I_{CQ} 较大	Q 点位于特性曲线的截止点 $I_{CQ}=0$	Q 点位于靠近截止区的微导通点 $I_{CQ}\approx 0$
导通角	360°	180°	略大于 180°
效率	非常低	很高(最高达 78.5%)	很高,接近于乙类
非线性失真	无	构成的互补对称电路存在交越失真	构成的互补对称电路消除了交越失真

2. 最大输出功率和效率的计算

（1）双电源互补对称功放电路

① 电路形式（如图 8.1.1 所示）

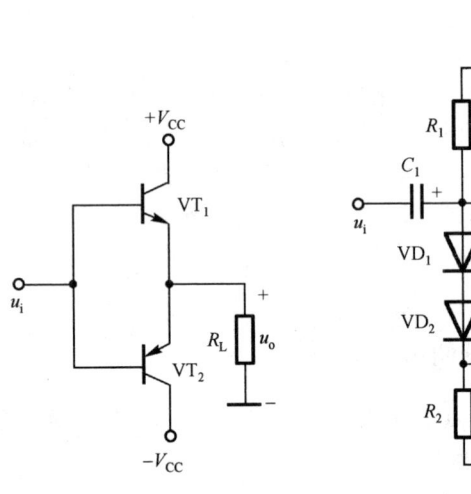

(a) 乙类双电源互补对称功放电路　　(b) 甲乙类双电源互补对称功放电路

图 8.1.1　双电源互补对称功放电路

② 性能参数计算

甲乙类功放电路的性能和对晶体管的参数要求都和乙类功放电路非常接近，故可统一视为乙类功放电路来分析。

最大输出功率：$P_{om} = \dfrac{(V_{CC} - U_{CES})^2}{2R_L}$

直流电源供给最大功率：$P_{Vm} = \dfrac{2}{\pi} \cdot \dfrac{V_{CC} U_{om}}{R_L}$

转换效率：$\eta = \dfrac{P_o}{P_V} = \dfrac{\pi}{4} \cdot \dfrac{U_{om}}{V_{CC}}$

若 $U_{om} \approx V_{CC}$，则 $\eta_{max} = \pi/4 = 78.5\%$。

③ 功放管的选择

最大管耗 $P_{CM} \geq 0.2 P_{om}$，击穿电压 $|U_{(BR)CEO}| \geq 2V_{CC}$，最大集电极电流 $I_{CM} \geq V_{CC}/R_L$。

（2）单电源互补对称功放电路

将双电源电路中的 $-V_{CC}$ 变为接地，且与 R_L 串联一个电容 C，则电路就由双电源互补对称电路转变为了单电源互补对称电路。对单电源电路的分析，可以仿照双电源电路进行，只需将双电源分析式中的 V_{CC} 用 $V_{CC}/2$ 替代即可。

（3）平衡桥式功率放大电路

为了提高电源的利用率，也就是在较低电源电压的作用下，使负载获得较大的输出功率，一般采用平衡式无输出变压器电路，又称为 BTL（Balanced Transformer Less）电路，如图 8.1.2 所示。

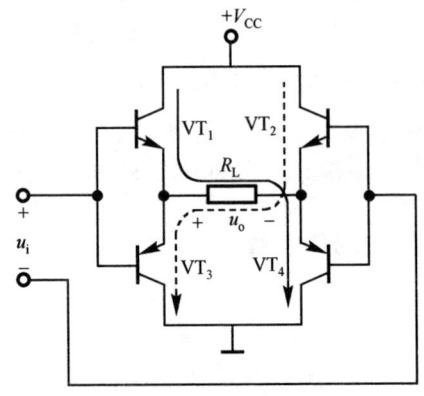

图 8.1.2　平衡桥式功放电路

最大输出功率：$P_{om} = \dfrac{(V_{CC} - 2U_{CES})^2}{2R_L}$

BTL 电路仍然为乙类推挽放大电路，在理想情况下，效率仍近似为 78.5%。

与 OTL 电路相比，同样是单电源供电，在 V_{CC} 和 R_L 相同条件下，BTL 电路输出功率近似为 OTL 电路输出功率的 4 倍，即 BTL 电路电源利用率高。

三、复合管

1. 复合管的接法及其 β

（1）两只晶体管正确连接成复合管，必须保证每只晶体管各电极电流都能顺着各自正常的工作方向流动。

（2）复合后的晶体管类型与前级 VT_1 相同。

（3）复合后的电流放大系数近似等于两管的 β 相乘。

2. 复合管组成的互补对称功放电路

实用的由复合管组成的准互补对称功放电路如图 8.1.3 所示。

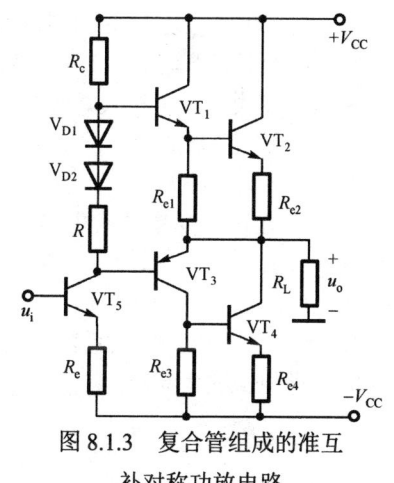

图 8.1.3 复合管组成的准互补对称功放电路

四、集成功率放大电路

集成功放电路成熟，低频性能好，内部设计有复合保护电路，外围电路简单，保护功能齐全，还可外加散热片解决散热问题。这使得它广泛用于音响、电视和小电机的驱动等方面。

选用集成功放可以通过手册查询芯片主要参数：输出功率、供电电压、电压增益、纹波大小、失真度和带宽等来决定选用哪种芯片。

1. 通用功放芯片 LM386

LM386 是单电源功放电路，只能接成 OTL 电路形式，有 8 个引脚，引脚 2 和 3 分别为反相输入端和同相输入端，5 为输出端，6 为直流电源端，4 为接地端，7 接旁路电容，1 和 8 为增益控制端。通过改变引脚 1 和 8 之间的外部连接电阻 R 和电容 C，就可以改变放大器的增益，增益变化范围为 20～200。

2. 专用音频集成功放芯片 TDA2030

TDA2030 采用 V 型 5 脚单列直插式塑料封装结构：引脚 2 和 1 分别为反相输入端和同相输入端；4 为输出端；3 和 5 为直流电源端，既可以采用单电源供电（OTL），也可以采用双电源供电（OCL）。

8.2　本章重点与难点

功率放大电路的特点和互补推挽功放的工作原理及计算是本章内容的重点与难点。

8.3　重点分析方法与步骤

一、功放电路的计算

首先判断是哪类功放电路，是单电源供电还是双电源供电。接近乙类功放电路的甲乙类功放电路在分析计算上看成乙类功放电路，也就是乙类和甲乙类的计算相同。单电源电路的分析计算中，只需要将双电源计算公式中的 V_{CC} 用 $V_{CC}/2$ 来代替即可。

二、功放管的选择

双电源选择功放管时，其极限参数应满足：

（1）每只功放管的最大管耗为 $P_{CM} \geqslant 0.2P_{om}$；

（2）考虑到当 VT_1 导通，$U_{om} = V_{CC}$ 时，VT_2 承受的最大管压降为 $2V_{CC}$，因此应选用 c-e 间击穿电压 $|U_{(BR)CEO}| \geqslant 2V_{CC}$ 的晶体管；

（3）最大集电极电流为 $I_{CM} \geqslant V_{CC}/R_L$。

单电源时将上述中的 V_{CC} 用 $V_{CC}/2$ 来代替即可。

8.4 填空题和选择题

一、填空题

8.4.1 功率放大电路当工作在乙类工作状态下时，由于三极管死区电压的存在，其输出将产生_____失真。

8.4.2 在图 8.1.1(a)所示电路中，若 $V_{CC}=12V$，假设 $U_{CES}=0V$，输入电压 u_i 为正弦波，为使电路能输出最大功率，输入电压峰值应为_____V，正常工作时，三极管可能承受的最大管压降 $|U_{(BR)CEO}|$ 为_____；该电路能达到的最高效率 η 为_____；若电路的最大输出功率为 2W，则电路中功放管的集电极最大管耗约为_____W。

8.4.3 在图 8.1.1(b)所示电路中，静态时流过负载电阻 R_L 的电流为_____；VD_1 和 VD_2 的作用是消除_____失真。

8.4.4 甲类功放电路的导通角等于_____，乙类功放电路的导通角等于_____，甲乙类功放电路的导通角_____，其中效率最高的是_____。

8.4.5 功率放大电路的效率比电压放大电路（高、低）_____，电压放大电路的功率比功率放大电路（大、小）_____。

8.4.6 某收音机末级采用单管甲类功率放大电路，当音量开关开大时管耗（大、小）_____，输出功率（大、小）_____；音量开关关小时管耗（大、小）_____，输出功率（大、小）_____。

二、选择正确的答案填空

8.4.7 功率放大电路的效率是指_____。

A．输出功率与输入功率之比

B．最大不失真输出功率与电源提供的功率之比

C．输出功率与功放管上消耗的功率之比

D．最大不失真输出功率与输入功率之比

8.4.8 甲类功放电路效率低的主要原因是_____。

A．只有一个功放管　　　　B．功放管放大倍数过小

C．静态电流过大　　　　　D．管压降过大

8.4.9 在选择功率放大电路的三极管时，应当特别注意的参数为_____。

A．I_{CEO}　　B．f_T　　C．P_{CM}　　D．β

8.4.10 两只电流放大系数分别为 β_1 和 β_2 的晶体管构成复合管，该复合管的电流放大系数为_____。

A．$\beta_1 + \beta_2$　　B．$\beta_1 \cdot \beta_2$　　C．$\dfrac{\beta_1 + \beta_2}{2}$　　D．$\sqrt{\beta_1 \beta_2}$

8.5　习题 8

8.5.1　由于功率放大电路中的三极管常处于接近极限工作的状态，因此，在选择三极管时必须特别注意哪三个参数？

解：

8.5.2　乙类互补对称功率放大电路的效率在理想情况下可以达到多少？

解：

8.5.3　一双电源互补对称功率放大电路如图 8.5.1 所示，设 $V_{CC}=12V$，$R_L=16\Omega$，u_i 为正弦波。求：（1）在三极管的饱和压降 U_{CES} 可以忽略的情况下，负载上可以得到的最大输出功率 P_{om}；（2）每个三极管的耐压 $|U_{(BR)CEO}|$ 应大于多少；（3）这种电路会产生何种失真，为改善上述失真，应在电路中采取什么措施。

解：

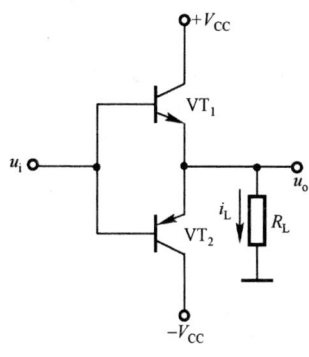

图 8.5.1　习题 8.5.3 电路图

8.5.4　一个单电源互补对称功放电路如图 8.5.2 所示，设 $V_{CC}=12V$，$R_L=8\Omega$，C 的电容量很大，u_i 为正弦波，在忽略三极管饱和压降 U_{CES} 的情况下，试求该电路的最大输出功率 P_{om}。

解：

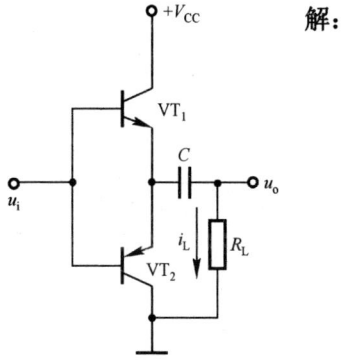

图 8.5.2　习题 8.5.4 电路图

8.5.5 在图 8.5.3 所示的电路中，已知 $V_{CC}=16\text{V}$，$R_L=4\Omega$，u_i 为正弦波，输入电压足够大，在忽略三极管饱和压降 U_{CES} 的情况下，试求：（1）最大输出功率 P_{om}；（2）三极管的最大管耗 P_{CM}；（3）若三极管饱和压降 $U_{CES}=1\text{V}$，最大输出功率 P_{om} 和 η。

解：

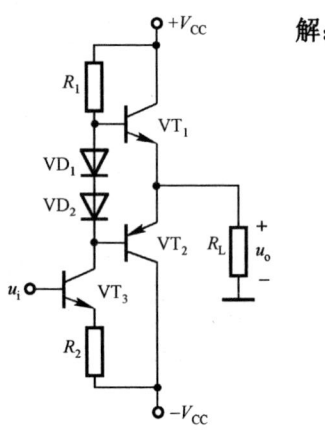

图 8.5.3 习题 8.5.5 电路图

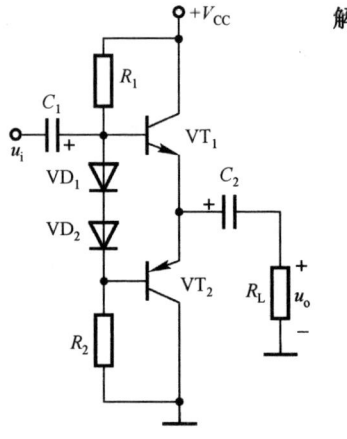

图 8.5.4 习题 8.5.6 电路图

解：

8.5.6 在图 8.5.4 所示单电源互补对称电路中，已知 $V_{CC}=24\text{V}$，$R_L=8\Omega$，流过负载电阻的电流为 $i_o=0.5\cos\omega t(\text{A})$。求：（1）负载上所能得到的功率 P_o；（2）电源供给的功率 P_V。

8.5.7 在图 8.5.5 所示的互补对称电路中，已知 $V_{CC}=6\text{V}$，$R_L=8\Omega$，假设三极管的饱和管压降 $U_{CES}=1\text{V}$，试：
（1）估算电路的最大输出功率 P_{om}；
（2）估算电路中直流电源消耗的功率 P_V 和效率 η。
（3）估算三极管的最大功耗；
（4）估算流过三极管的最大集电极电流；
（5）估算三极管集电极和发射极之间承受的最大电压；
（6）为了在负载上得到最大功率 P_{om}，输入端应加上的正弦波电压有效值大约等于多少；
（7）比较图 8.5.5(a)和(b)的估算结果。

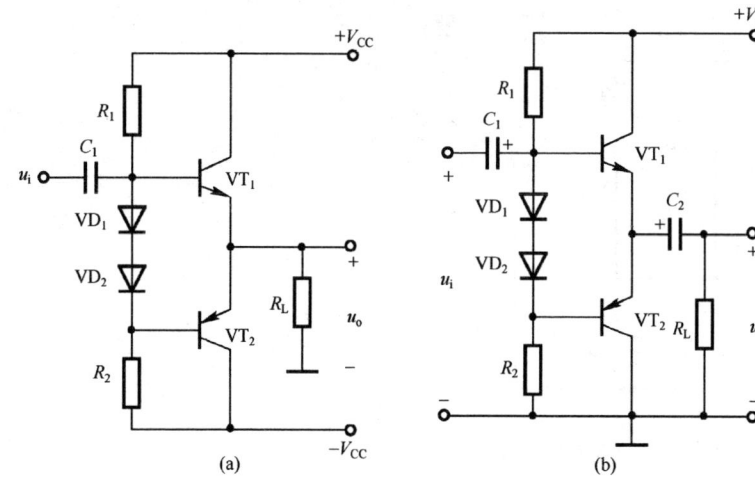

图 8.5.5　习题 8.5.7 电路图

解：

8.5.8　在图 8.5.6 中哪些接法可以构成复合管？哪些等效为 NPN 管？哪些等效为 PNP 管？

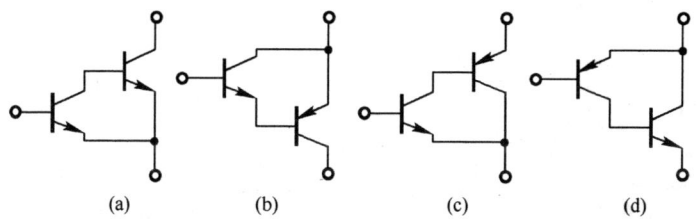

图 8.5.6　习题 8.5.8 电路图

解：

8.5.9 图 8.5.7 所示电路中,三极管 $\beta_1 = \beta_2 = 50$,$U_{BE1} = U_{BE2} = 0.6V$。

(1) 求静态时,复合管的 I_C、I_B、U_{CE};
(2) 说明复合管属于何种类型的三极管;
(3) 求复合管的 β。

解:

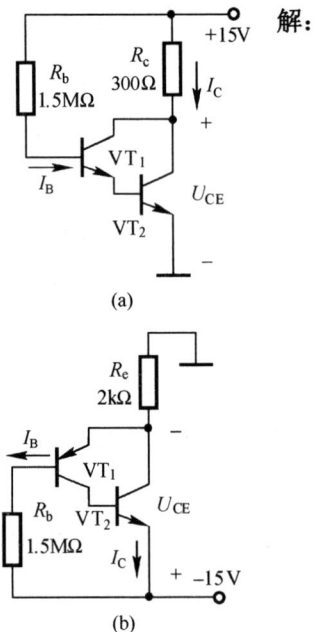

图 8.5.7 习题 8.5.9 电路图

8.5.10 一个用集成功率放大器 LM384 组成的功率放大电路如图 8.5.8 所示,已知电路在通带内的电压增益为 40dB,在 $R_L=8\Omega$ 时的最大输出电压(峰-峰值)可达 18V。求当 u_i 为正弦信号时:(1) 最大不失真输出功率 P_{OM};(2) 输出功率最大时输入电压有效值。

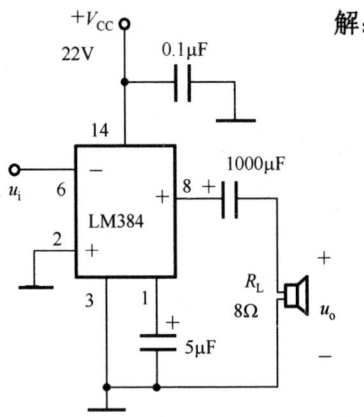

图 8.5.8 习题 8.5.10 电路图

解:

8.5.11 在图 8.5.9 所示 TDA2030 双电源接法的电路中,电路的电压增益为多少分贝。

解:

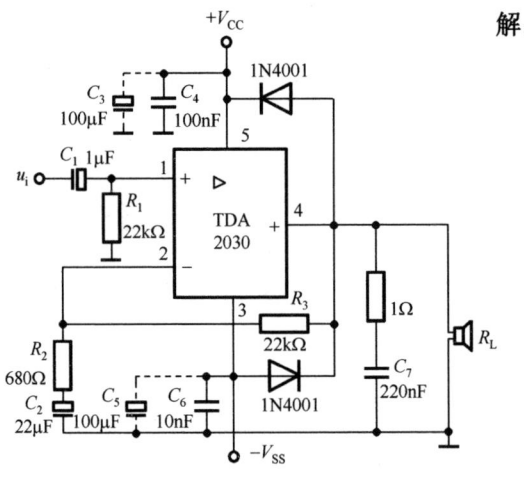

图 8.5.9 习题 8.5.11 电路图

第9章 负反馈放大电路

9.1 知识要点总结

一、反馈的基本概念

1. **定义**：将放大电路输出回路的输出量（电压或电流）通过反馈网络，部分或全部馈送到输入回路中，并能够影响其输入量（输入电压或电流），这种电压或电流的回送过程称为反馈。

放大电路引入反馈后，组成反馈放大电路，图 9.1.1 所示为负反馈放大电路的方框图，由基本放大电路、反馈网络和比较环节组成。开环放大倍数 $\dot{A}$、反馈系数 $\dot{F}$ 和闭环放大倍数 $\dot{A}_f$ 的定义为：

$$\dot{A} = \frac{\dot{X}_o}{\dot{X}_{id}} \qquad \dot{F} = \frac{\dot{X}_f}{\dot{X}_o} \qquad \dot{A}_f = \frac{\dot{X}_o}{\dot{X}_i}$$

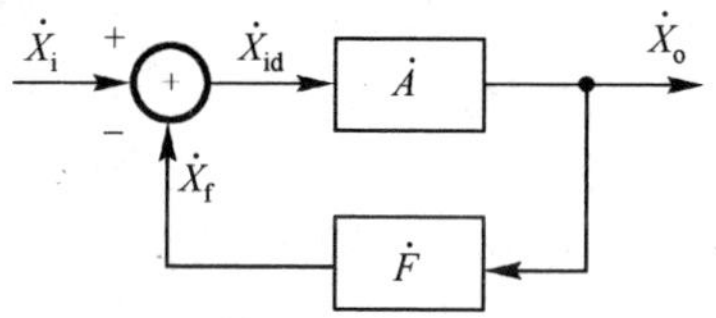

图 9.1.1 负反馈放大电路的方框图

开环放大倍数 $\dot{A}$ 和闭环放大倍数 $\dot{A}_f$ 的关系为：

$$\dot{A}_f = \frac{\dot{A}}{1 + \dot{A}\dot{F}} \tag{9.1.1}$$

2. **反馈的类型**

（1）按反馈极性分

负反馈：反馈信号 $\dot{X}_f$ 消弱原输入信号 $\dot{X}_i$，使得净输入信号 $\dot{X}_{id} < \dot{X}_i$，多用于改善放大器的性能。

正反馈：反馈信号 $\dot{X}_f$ 增强原输入信号 $\dot{X}_i$，使得净输入信号 $\dot{X}_{id} > \dot{X}_i$，多用于振荡电路中。

（2）按交、直流性质分

直流反馈：反馈信号 $\dot{X}_f$ 为直流，用于稳定静态工作点。

交流反馈：反馈信号 $\dot{X}_f$ 为交流，用于改善放大电路的动态性能。

（3）按输出端取样方式分

电压反馈：在输出端反馈网络与基本放大电路并联，反馈信号取自负载上的输出电压，此时，$\dot{X}_o$ 应用 $\dot{U}_o$ 表示。

电流反馈：在输出端反馈网络与基本放大电路串联，反馈信号取自流过负载的输出电流，此时，$\dot{X}_o$ 应用 $\dot{I}_o$ 表示。

（4）按输入端连接方式分

串联反馈：在输入端，反馈网络与基本放大电路串联，反馈信号 $\dot{X}_f$ 以电压 $\dot{U}_f$ 的形式出现，并在输入端进行电压比较，即 $\dot{U}_{id} = \dot{U}_i - \dot{U}_f$。

并联反馈：在输入端，反馈网络与基本放大电路并联，反馈信号 $\dot{X}_f$ 以电流 $\dot{I}_f$ 的形式出现，并在输入端进行电流比较，即 $\dot{I}_{id} = \dot{I}_i - \dot{I}_f$。

综上所述，负反馈电路有四种类型：电压串联、电压并联、电流串联和电流并联。由于不同反馈类型对应不同的输入、输出电量，因此不同类型的反馈电路，其 $\dot{A}$、$\dot{F}$ 和 $\dot{A}_f$ 的含义也不同。

二、负反馈对放大电路性能的影响

1. **使放大倍数降低**

负反馈的 $|1 + \dot{A}\dot{F}| > 1$，由式（9.1.1）可知 $|\dot{A}_f| < |\dot{A}|$，即引入负反馈后，放大电路的放大倍数减小了。

2．提高放大倍数的稳定性

引入反馈后，闭环放大倍数的相对变化量 dA_f/A_f 只是未加反馈时开环放大倍数相对变化量 dA/A 的 $1/(1+AF)$：

$$\frac{dA_f}{A_f} = \frac{1}{(1+AF)} \cdot \frac{dA}{A}$$

3．减小非线性失真

4．展宽通频带

5．影响放大电路的输入、输出电阻

串联负反馈：使输入电阻增大。
并联负反馈：使输入电阻减小。
电压负反馈：使输出电阻减小。
电流负反馈：使输出电阻增大。

9.2 本章重点与难点

1. 反馈的基本概念，反馈极性及类型的判断。
2. 负反馈对放大器性能的影响。
3. 深度负反馈条件下增益的近似计算。

9.3 重点分析方法与步骤

一、判别反馈的方法

1．有无反馈的判别

看有无连接放大电路输出回路和输入回路的连线、反馈元件或反馈网络。

2．反馈类型的判别

（1）短路法

判断电压反馈与电流反馈：将放大电路交流通路输出端短路，若反馈不再起作用，则为电压反馈，否则为电流反馈。

判断串联反馈与并联反馈：将放大电路交流通路输入端短路，若反馈作用消失，则为并联反馈，否则为串联反馈。

（2）根据电路结构判断

若基本放大电路的输出端、反馈网络和负载三者并接在一起，则为电压反馈，否则为为电流反馈。

若基本放大电路的输入端、反馈网络和输入信号源三者并接在一起，则为并联反馈，否则为串联反馈。

3．正、负反馈的判别

瞬时极性法判断的步骤如下：

（1）假设输入电压瞬时极性为（+）→经基本放大电路，判断输出电压的瞬时极性为（+）还是为（-）→经反馈网络判断反馈信号 $\dot{X}_f$ 的瞬时极性是（+）还是为（-）。

（2）比较 $\dot{X}_i$ 与 $\dot{X}_f$ 的极性，若 $\dot{X}_i$ 与 $\dot{X}_f$ 同相，使得 $\dot{X}_{id} = \dot{X}_i - \dot{X}_f$ 减小，则为负反馈，否则为正反馈。

注意：串联反馈与并联反馈比较的电量不同：若是串联反馈，则可以直接利用电压极性进行比较（$\dot{U}_{id} = \dot{U}_i - \dot{U}_f$）；若是并联反馈，则需要根据有关支路电压的瞬时极性，标出相应电流的流向，然后再用电流进行比较（$\dot{I}_{id} = \dot{I}_i - \dot{I}_f$）。

二、深度负反馈条件下 $\dot{A}_{uf}$ 的估算

将 $|1+\dot{A}\dot{F}| \gg 1$ 称为深度负反馈条件，当满足深度负反馈条件时，$\dot{A}_{uf}$ 可以采用以下两种方法进行估算。

（1）利用公式 $\dot{A}_f \approx 1/\dot{F}$ 进行估算，具体分析步骤如下：

① 根据反馈类型确定 $\dot{F}$ 的含义，并计算 $\dot{F} = \dot{X}_f / \dot{X}_o$。

② 确定 $\dot{A}_f = \dot{X}_o / \dot{X}_i$ 的含义，计算 $\dot{A}_f \approx 1/\dot{F}$。

③ 将 $\dot{A}_f$ 转换为 $\dot{A}_{uf} = \dot{U}_o / \dot{U}_i$（除电压串联负反馈外）。

（2）利用公式 $\dot{X}_f \approx \dot{X}_i$ 进行估算，

$\dot{X}_f \approx \dot{X}_i$，即 $\dot{X}_{id} = \dot{X}_i - \dot{X}_f \approx 0 \begin{cases} \dot{U}_{id} \approx 0，称为虚短路（串联负反馈）\\ \dot{I}_{id} \approx 0，称为虚断路（并联负反馈）\end{cases}$

对于串联负反馈：令 $\dot{U}_{id} \approx 0$，则 $\dot{U}_f \approx \dot{U}_i$，再令 $\dot{I}_{id} \approx 0$，即输入端开路。求出 $\dot{U}_o$ 与 $\dot{U}_i$ 之间的关系，整理得 $\dot{A}_{uf}$。

对于并联负反馈：令 $\dot{I}_{id} \approx 0$，则 $\dot{I}_f \approx \dot{I}_i$，再令 $\dot{U}_{id} \approx 0$，即输入端短路。求出 $\dot{U}_o$ 与 $\dot{I}_i$ 之间的关系，利用 $\dot{I}_i \approx \dot{U}_i / R_s$，整理得 $\dot{A}_{uf}$。

9.4 填空题和选择题

一、填空题

9.4.1 反馈放大电路是一个由基本放大电路和_____构成的闭合环路。

9.4.2 欲得到电流-电压转换电路，应在放大电路中引入_____负反馈；欲将电压信号转换成与之成比例的电流信号，应在放大电路中引入_____负反馈；欲减小电路从信号源索取的电流，增大带负载能力，应在放大电路中引入_____负反馈；欲从信号源获得更大的电流，并稳定输出电流，应在放大电路中引入_____负反馈。

9.4.3 负反馈对放大电路工作性能的影响是_____（增大、降低）放大电路的放大倍数，提高它的稳定性。

9.4.4 在放大电路中，为了稳定静态工作点，可以引入_____负反馈。

9.4.5 放大电路引入负反馈后，设反馈系数为 F，则环路的闭环增益 A_f 与开环增益 A 之间的关系是 $A_f = $_____，如环路满足深度负反馈条件，则 $A_f \approx$_____。

9.4.6 电压负反馈能稳定输出电压，电流负反馈能稳定_____。

9.4.7 已知放大电路输入电压为1mV时，输出电压为1V，加入负反馈后，为达到同样输出时的输入电压为 10mV，该电路引入反馈后的电压增益为_____，反馈系数约为_____。

9.4.8 图9.4.1所示的反相比例电路引入_____负反馈，如果增大电阻 R_f，则该电路的放大倍数将_____（增大、减小），通频带将_____（增大、减小）。

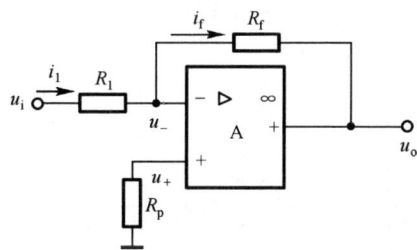

图 9.4.1 题 9.4.8 图

二、选择正确的答案填空

9.4.9 对于放大电路，所谓开环是指_____。

A. 无信号源　　B. 无反馈通路　　C. 无电源　　D. 无负载

9.4.10 对于放大电路，所谓闭环是指_____。

A. 考虑信号源内阻　　　　B. 存在反馈通路

C. 接入电源　　　　　　　D. 接入负载

9.4.11 在输入量不变的情况下，若引入反馈后_____，则说明引入的反馈是负反馈。

　　A．输入电阻增大　　　　　　B．输出量增大

　　C．净输入量增大　　　　　　D．净输入量减小

9.4.12 直流负反馈是指_____。

　　A．直接耦合放大电路中所引入的负反馈

　　B．放大直流信号时才有的负反馈

　　C．在直流通路中的负反馈

　　D．只存在于阻容耦合电路中的负反馈

9.4.13 交流负反馈是指_____的反馈。

　　A．交流闭环放大倍数为负数　　B．交流闭环放大倍数变小

　　C．交流闭环放大倍数变大

9.4.14 要增大放大器的输入电阻及输出电阻，应引入_____负反馈。

　　A．电流并联　　　　　　　　B．电压串联

　　C．电流串联　　　　　　　　D．电压并联

9.4.15 构成反馈通路的元器件_____。

　　A．只能是三极管、集成运放等有源器件

　　B．只能是电阻元件

　　C．只能是无源器件

　　D．可以是无源器件也可以是有源器件

姓名_____ 学号_____ 班级_____ 序号_____

9.5 习题 9

9.5.1 什么叫反馈？反馈有哪几种类型？

解：

9.5.2 某放大电路的信号源内阻很小，为了稳定输出电压，应当引入什么类型的负反馈？

解：

9.5.3 负反馈放大电路一般由哪几部分组成？试用方框图说明它们之间的关系？

解：

9.5.4 要求得到一个电流控制的电流源，应当引入什么负反馈？

解：

9.5.5 在图 9.5.1 所示的各电路中，请指明反馈网络是由哪些元件组成的，判断引入的是正反馈还是负反馈？是直流反馈还是交流反馈？设所有电容对交流信号可视为短路。

解：

9.5.6 试判断图 9.5.1 所示电路的级间交流反馈的组态。

解：

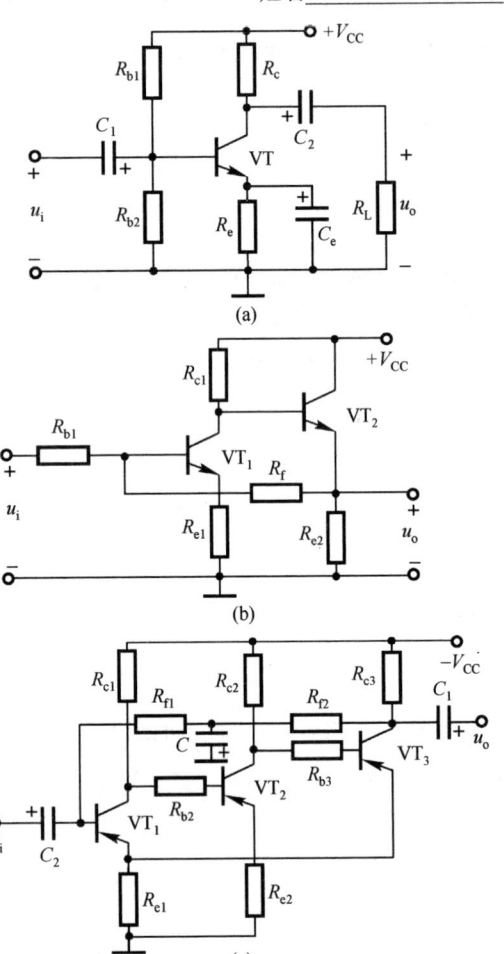
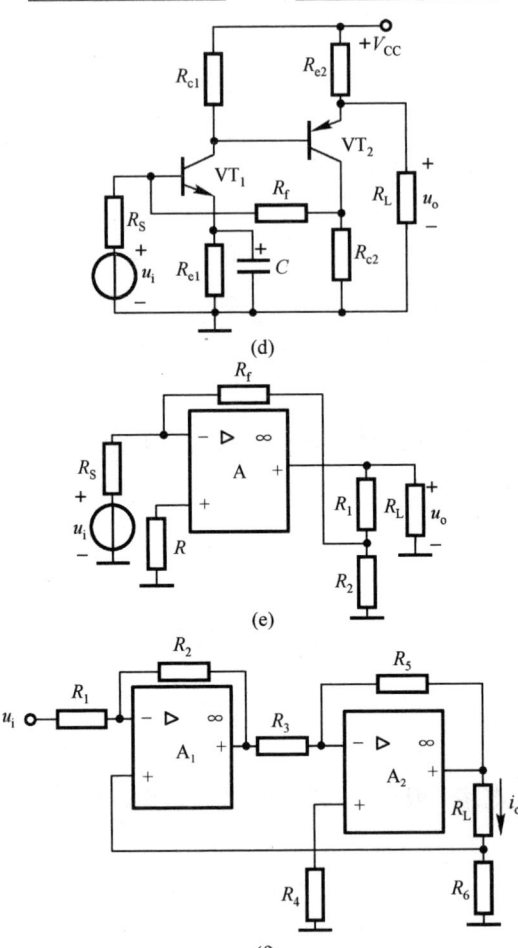

图 9.5.1　习题 9.5.5 电路图

姓名_____ 学号_____ 班级_____ 序号_____

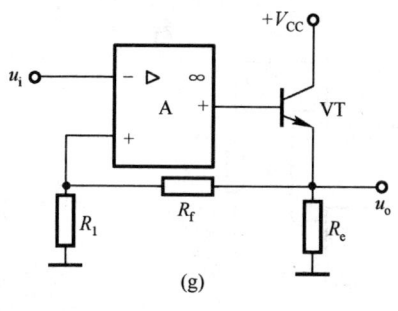

(g)

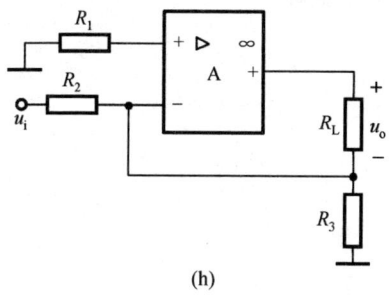

(h)

图 9.5.1 习题 9.5.5 电路图(续)

9.5.7 某反馈放大电路的方框图如图 9.5.2 所示，已知其开环电压增益 $A_u = 2000$，反馈系数 $F_u = 0.0495$。若输出电压 $U_o = 2\text{V}$，求输入电压 U_i、反馈电压 U_f 及净输入电压 U_{id} 的值。

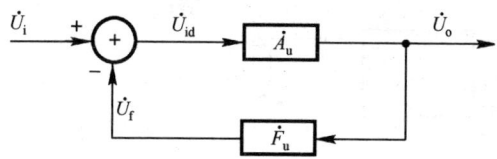

图 9.5.2 习题 9.5.7 电路图

解：

9.5.8 一个放大电路的开环增益为 $A_{uo} = 10^4$，当它连接成负反馈放大电路时，其闭环电压增益为 $A_{uf} = 60$，若 A_{uo} 变化 10%，问 A_{uf} 变化多少？

解：

9.5.9 图 9.5.3 所示的电压串联负反馈，放大电路采用基本的电压放大器，U_i=100mV，U_f=95mV，U_o=10V。相对应的 A 和 F 分别为多少？

解：

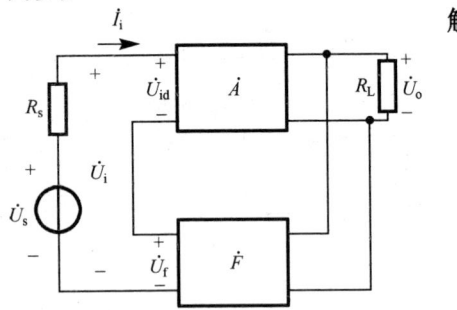

图 9.5.3 习题 9.5.9 电路图

9.5.10 图 9.5.4 所示的电流串联负反馈，放大电路采用基本的电压放大器，U_i=100mV，U_f=95mV，I_o=10mA。相对应的 A 和 F 分别为多少？

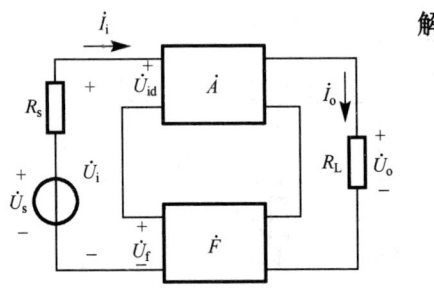

图 9.5.4 习题 9.5.10 电路图

9.5.11 为了减小从电压信号源索取的电流并增加带负载的能力，应该引入什么类型的反馈？

解：

9.5.12 某电压负反馈，放大器采用一个增益为 100V/V 且输出电阻为 1kΩ 的基本放大器。反馈放大器的闭环输出电阻为 100Ω。确定其闭环增益。

姓名_____ 学号_____ 班级_____ 序号_____

解:

解:

9.5.13 某电压串联负反馈，放大器采用一个输入与输出电阻均为1kΩ且增益 $A=2000V/V$ 的基本放大器。反馈系数 $F=0.1V/V$。求闭环放大器的增益 A_{uf}、输入电阻 R_{if} 和输出电阻 R_{of}。

解:

9.5.14 在图9.5.5所示多级放大电路的交流通路中，按下列要求分别接成所需的两级负反馈放大电路：（1）电路参数变化时，u_o 变化不大，并希望有较小的输入电阻 R_{if}；（2）当负载变化时，i_o 变化不大，并希望放大器有较大的输入电阻 R_{if}。

9.5.15 判断图9.5.6所示电路的反馈类型和性质，写出 I_o 表达式，并说明电路的特点。

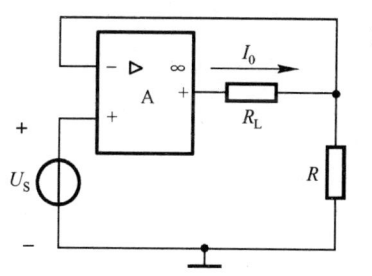

解:

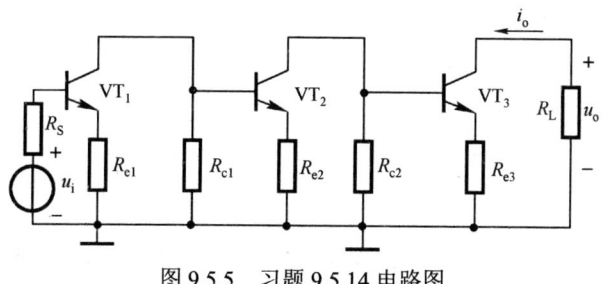

图9.5.5 习题9.5.14 电路图

图9.5.6 习题9.5.15 电路图

9.5.17 在图 9.5.1(b)、(c)、(e)所示各电路中，在深度负反馈的条件下，试近似计算它的闭环增益和闭环电压增益。

解：

9.5.16 电路如图 9.5.7 所示，试用虚短概念近似计算它的互阻增益 $\dot{A}_{Rf}$，并定性分析它的输入电阻和输出电阻。

解：

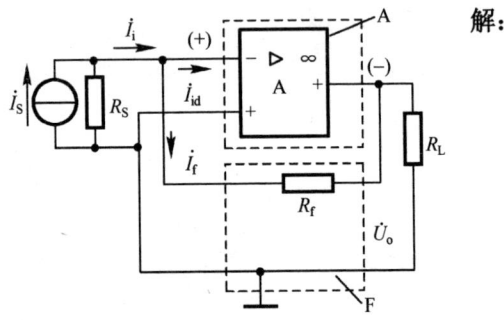

图 9.5.7 习题 9.5.16 电路图

9.5.18 试指出图 9.5.8 所示电路能否实现 $i_L = \dfrac{u_I}{R}$ 的压控电流源的功能，若不能，应该如何改正？

解：

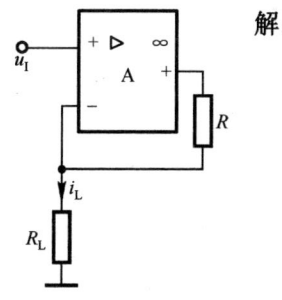

图 9.5.8 习题 9.5.18 电路图

9.5.19 反馈放大电路如图 9.5.9 所示，（1）指明级间反馈元件，并判别反馈类型和性质；（2）若电路满足深度负反馈的条件，求其电压放大倍 $\dot{A}_{uf}$ 的表达式；（3）若要求放大电路有稳定的输出电流，问如何改接 R_f。请在电路图中画出改接的反馈路径，并说明反馈类型。

解：

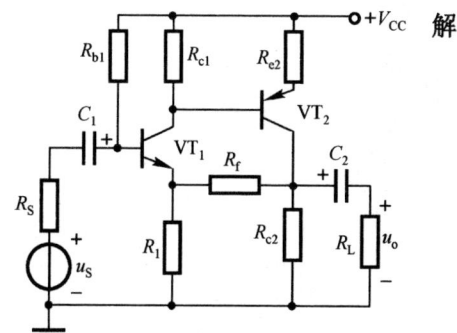

图 9.5.9 习题 9.5.19 电路图

9.5.20 反馈放大电路如图 9.5.10 所示，各电容对交流呈短路，已知 $R_{e1}=750\Omega$，$R_{e2}=1\mathrm{k}\Omega$，$R_S=1\mathrm{k}\Omega$，$R_{c2}=4\mathrm{k}\Omega$，$R_L=1\mathrm{k}\Omega$，$R_f=10\mathrm{k}\Omega$，R_{b1} 和 R_{b2} 忽略不计。（1）指明级间反馈元件，并判别反馈类型；（2）若电路满足深度负反馈的条件，求其源电压增益 $\dot{A}_{ufs}$。

解：

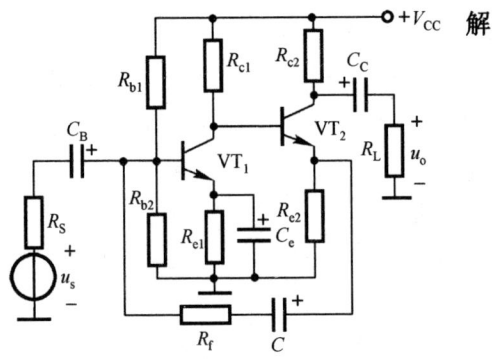

图 9.5.10　习题 9.5.21 电路图

第10章 信号产生与处理电路

10.1 知识要点总结

一、正弦波产生电路

1. 正弦波振荡电路的振荡条件

（1）平衡条件：$\dot{A}\dot{F}=1\begin{cases}|\dot{A}\dot{F}|=1\text{（振幅平衡条件）}\\ \varphi_A+\varphi_F=2n\pi\text{（相位平衡条件）}\end{cases}$

（2）起振条件：$\dot{A}\dot{F}>1\begin{cases}|\dot{A}\dot{F}|>1\text{（振幅起振条件）}\\ \varphi_A+\varphi_F=2n\pi\text{（相位起振条件）}\end{cases}$

相位条件实际上是正反馈条件，因此判断一个电路是否能产生振荡，首先要判断该电路是否有正反馈，判断方法是第9章讨论的瞬时极性法。

2. 正弦波振荡电路的分类和电路结构

（1）分类

通常，根据选频网络的不同，可将正弦波产生电路分为 RC 正弦波振荡电路、LC 正弦波振荡电路和石英晶体正弦波振荡电路。

（2）电路结构

正弦波振荡电路由四部分组成：放大电路、选频网络、正反馈网络和稳幅网络。

二、RC 文氏桥正弦波振荡电路

1. RC 串并联选频网络的频率特性

RC 文氏桥正弦波振荡电路是采用 RC 串并联网络作为选频网络的正弦波振荡电路。当 $f=f_0=\dfrac{1}{2\pi RC}$ 时，幅值出现最大值，$|F|_{\max}$ 为 1/3，而相移 φ_F 为零。

2. RC 文氏桥振荡电路

RC 文氏桥振荡电路如图 10.1.1 所示。该电路的振荡频率 $f_0=\dfrac{1}{2\pi RC}$，起振条件 $R_f>2R_1$，可选用热敏电阻作为稳幅措施，即选用 R_1 为正温度系数的热敏电阻或选用 R_f 为负温度系数的热敏电阻。

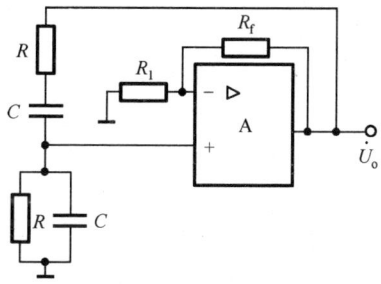

图 10.1.1　RC 文氏桥振荡电路

三、LC 正弦波振荡电路

LC 正弦波振荡电路是以 LC 并联电路作为选频网络的正弦波振荡电路，一般用于 1MHz 以上的正弦波产生电路。常用电路有变压器反馈式、电感三点式和电容三点式三种。

1. LC 并联电路的选频特性

通常，LC 并联电路的损耗很小，满足 $\omega L \gg r$。LC 并联电路阻抗的频率特性如图 10.1.2 所示，它包括幅频特性和相频特性。

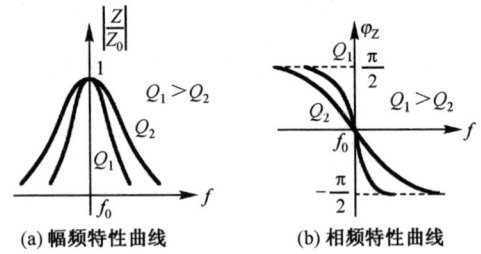

图 10.1.2 LC 并联电路阻抗的频率特性

当 $\omega = \omega_0 = \dfrac{1}{\sqrt{LC}}$ 时，产生并联谐振，回路等效阻抗达到最大值 $Z_0 = \dfrac{L}{rC}$，为纯电阻，相角 $\varphi_Z = 0$；当 $\omega > \omega_0$ 时，LC 电路呈容性，$\varphi_Z < 0$；当 $\omega < \omega_0$ 时，LC 电路呈感性，$\varphi_Z > 0$。而且品质因数 $Q = \dfrac{\omega_0 L}{r} = \dfrac{1}{\omega_0 rC} = \dfrac{1}{r}\sqrt{\dfrac{L}{C}}$ 越大，在 ω_0 处曲线越陡，相角变化越快。所以 LC 电路具有频率选择性，Q 越大，频率的选择性越好。

2. LC 三点式振荡器

LC 三点式振荡器是指晶体管的三个极与 LC 回路的三个点分别相连接，根据连接方式不同，分为电感三点式和电容三点式，也称为电感反馈式和电容反馈式。它们的交流通路如图 10.1.3 所示。

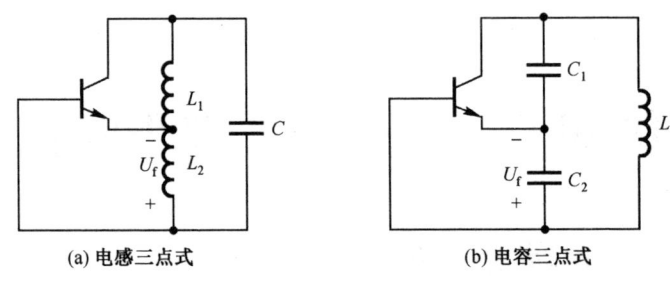

(a) 电感三点式　　　　　(b) 电容三点式

图 10.1.3 LC 三点式振荡器的交流通路

振荡频率 $f_0 = \dfrac{1}{2\pi\sqrt{LC}}$，电感三点式 $L = L_1 + L_2 + 2M$，电容三点式 $C = \dfrac{C_1 C_2}{C_1 + C_2}$。

四、石英晶体振荡器

1. 石英晶体振荡器的特性

石英晶体振荡器的符号、等效电路和电抗频率特性如图 10.1.4 所示。

由石英晶体振荡器的等效电路图可知，它有两个谐振频率：串联谐振频率 f_s 和并联谐振频率 f_p。C_q、L_q 和 r_q 构成串联谐振回路，因此串联谐振频率 $f_s \approx \dfrac{1}{2\pi\sqrt{L_q C_q}}$。

C_q、L_q、r_q 和 C_0 构成并联谐振回路，则并联谐振频率为：

$$f_p \approx \dfrac{1}{2\pi\sqrt{L_q \dfrac{C_q C_0}{C_q + C_0}}}$$

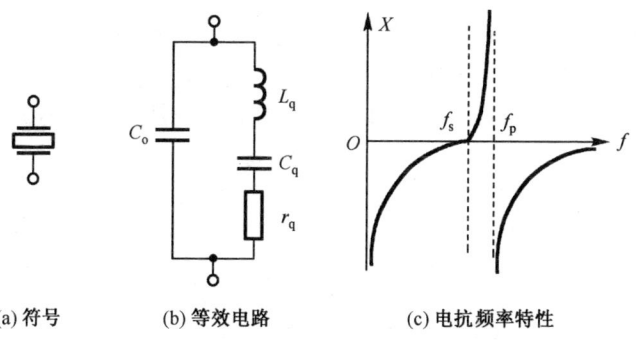

(a) 符号　　(b) 等效电路　　(c) 电抗频率特性

图 10.1.4　石英晶体振荡器符号、等效电路与电抗频率特性

在频率 f_s 和 f_p 之间，石英晶体呈感性；频率等于 f_s 时，近似为短路线；频率等于 f_p 时，近似为开路，即为纯电阻；其余频率下，石英晶体均呈电容性。

2．石英晶体正弦波振荡电路

根据石英晶体振荡器的特性，在正弦波振荡电路中，石英晶体振荡器可作为等效电感和短路元件，由此构成并联型石英晶体振荡电路和串联型石英晶体振荡电路。

五、非正弦波产生电路

1．方波发生器和三角波发生器

非正弦波产生电路由迟滞比较器和延时电路组成，方波发生器由迟滞比较器和 RC 充放电电路组成，三角波发生器由迟滞比较器和积分电路构成。求方波、三角波发生器的振荡频率，只要找出使比较器翻转所需的时间即可求出。

六、有源滤波电路

（1）一阶有源低通滤波器：可以由一阶 RC 低通电路与一个同相比例运算电路构成，通带电压增益等于同相比例放大电路的电压增益。

（2）二阶有源低通滤波器：在上述的一阶有源滤波器中，在起滤波作用的 RC 低通电路前，再加一阶 RC 低通电路，可以构成简单的二阶有源低通滤波器。

（3）一阶有源高通滤波器：将一阶低通电路中的 R、C 元件的位置对调构成一阶高通滤波器。

（4）二阶有源高通滤波器：将二阶低通电路中的 R、C 元件的位置对调构成二阶高通滤波器。

（5）带通有源滤波器：将低通滤波器与高通滤波器串联可构成带通滤波器。

（6）带阻有源滤波器：将低通滤波器和高通滤波器的输出经求和电路输出，构成带阻滤波器。

10.2　本章重点与难点

1．正弦波振荡电路的振荡条件和电路的组成
2．根据相位平衡条件判断电路是否能振荡
3．RC 文氏桥振荡电路的电路组成，振荡频率，起振条件，稳幅措施
4．有源滤波电路的构成及其分析
5．传递函数的推导方法与波特图的画法

10.3　重点分析方法与步骤

一、判断电路是否产生正弦波振荡的步骤和方法

（1）观察放大电路的组态，判断电路是否有放大能力。直流通路和交流通路必须正确，且增益足够大。当电路是共射（CE）时，集电

极输出电压与基极输入电压的极性相反，即两者相位差为 $\varphi_A = 180°$；当电路是共基极（CB）时，集电极输出电压与发射极输入电压的极性相同，即两者相位差为 $\varphi_A = 0°$。

（2）观察反馈信号 u_f 和输出信号 u_o 之间是否有反馈网络和选频网络。观察 u_f 与 u_o 之间是否有倒相，若有 $\varphi_F = 180°$，否则 $\varphi_F = 0$。常用的选频网络有 RC、LC、石英晶体。

（3）判断 $\varphi_A + \varphi_F$ 是否满足相位平衡条件，由于幅值条件容易满足，当电路满足相位平衡条件时，可判断电路可能产生振荡。

二、滤波电路频率响应分析步骤

（1）写出电路电压传递函数 $\dot{A}_u = \dot{U}_o / \dot{U}_i$。

（2）求出截止频率 $f_H = \dfrac{1}{2\pi RC}$ 或 $f_L = \dfrac{1}{2\pi RC}$。

（3）将截止频率代入 $\dot{A}_u$ 的表达式，把 $\dot{A}_u$ 化成典型表达式，由此判断滤波电路的类型。

（4）绘制渐进波特图：

$$\dot{A}_u \begin{cases} 幅频 A(f) \to 横坐标 f 用对数，纵坐标 20\lg|\dot{A}_u|， \\ \qquad\qquad 单位为 dB \to 截止频率处 20\lg|\dot{A}_u| 下降 3dB \\ 相频 \varphi(f) \to 横坐标 f 用对数，纵坐标 \varphi，单位为度 \end{cases}$$

10.4 填空题和选择题

一、填空题

10.4.1 正弦波振荡电路产生振荡的平衡条件为_____。

10.4.2 根据石英晶体的电抗特性，当 $f = f_s$ 时，石英晶体呈_____性；在 $f_s < f < f_p$ 的很窄频率范围内石英晶体呈_____性；当 $f < f_s$ 或 $f > f_p$ 时，石英晶体呈_____性。

10.4.3 在串联型石英晶体振荡电路中，晶体等效为_____；而在并联型石英晶体振荡电路中，晶体等效为_____。

10.4.4 制作频率为 20MHz 且非常稳定的测试用信号源，应选用_____作为选频网络。

10.4.5 为了使得滤波电路的输出电阻足够小，保证负载电阻变化时滤波特性不变，应选用_____滤波电路。

10.4.6 将低通滤波器和高通滤波器_____，就能实现带通滤波器，实现条件是_____。

10.4.7 将低通滤波器和高通滤波器_____，就能实现带阻滤波器，实现条件是_____。

二、选择题

10.4.8 频率为 20Hz～20kHz 的音频信号发生电路，应选用_____作为选频网络。

A．RC 串并联网络　　　　B．LC 并联网络　　C．石英晶体

10.4.9 正弦波振荡器的起振条件是_____。

A．$\dot{A}\dot{F} = 1$　　B．$\dot{A}\dot{F} > 1$　　C．$\dot{A}\dot{F} < 1$　　D．$\dot{A}\dot{F} = -1$

10.4.10 RC 串并联选频网络与_____可能构成正弦波振荡电路。

A．单管共射放大电路　　　　B．共集电极放大电路
C．运放构成的同相比例电路　D．运放构成的反相比例电路

10.4.11 为使有源低通滤波器更趋于理想频率特性，达到 40dB/十倍频程，应选用_____滤波电路。

A．一阶　　　B．二阶　　　C．四阶

姓名_____ 学号_____ 班级_____ 序号_____

10.5 习题 10

10.5.1 振荡电路与放大电路有何异同点。

解：

10.5.2 正弦波振荡器振荡条件是什么？负反馈放大电路产生自激的条件是什么？两者有何不同，为什么？

解：

10.5.3 根据选频网络的不同，正弦波振荡器可分为哪几类？各有什么特点？

解：

10.5.4 正弦波信号产生电路一般由几个部分组成，各部分作用是什么？

解：

10.5.5 当产生 20Hz～20kHz 的正弦波时，应选用什么类型的振荡器。当产生 100MHz 的正弦波时，应选用什么类型的振荡器。当要求产生频率稳定度很高的正弦波时，应选用什么类型的振荡器。

解：

10.5.6 电路如图 10.5.1 所示，试用相位平衡条件判断哪个电路可能振荡，哪个不能振荡，并简述理由。

10.5.7 电路如图 10.5.2 所示：（1）保证电路振荡，求 R_p 的最小值；（2）求振荡频率的 f_0 的调节范围。

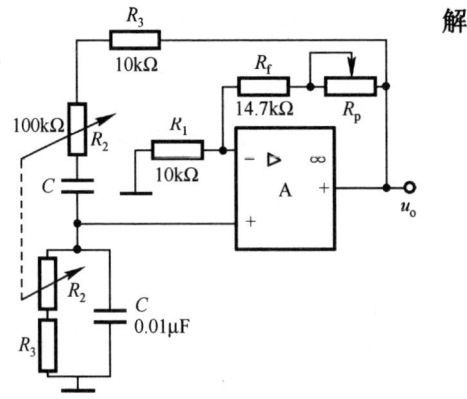

图 10.5.2　习题 10.5.7 电路图

解：

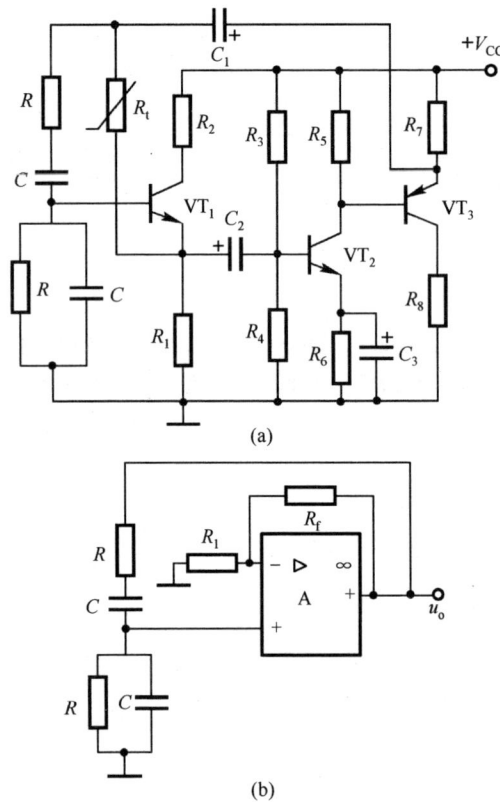

图 10.5.1　习题 10.5.6 电路图

解：

10.5.8 如图 10.5.3 所示各元器件：（1）请将各元器件正确连接，组成一个 RC 文氏桥正弦波振荡器；（2）若 R_1 短路，电路将产生什么现象；（3）若 R_1 断路，电路将产生什么现象；（4）若 R_f 短路，电路将产生什么现象；（5）若 R_f 断路，电路将产生什么现象。

解：

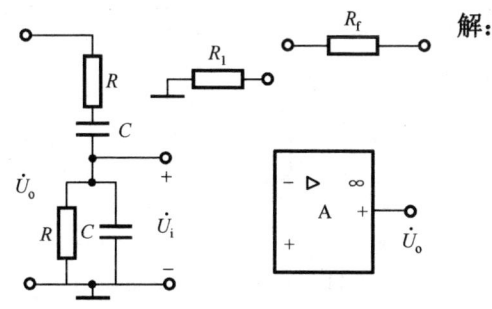

图 10.5.3 习题 10.5.8 电路图

10.5.9 图 10.5.4 所示为正弦波振荡电路，已知 A 为理想运放。

（1）已知电路能够产生正弦波振荡，为使输出波形频率增大应如何调整电路参数？

（2）已知 $R_1 = 10\text{k}\Omega$，若产生稳定振荡，则 R_f 约为多少？

（3）已知 $R_1 = 10\text{k}\Omega$，$R_f = 15\text{k}\Omega$，问电路产生什么现象？简述理由。

（4）若 R_f 为热敏电阻，试问其温度系数是正还是负？

解：

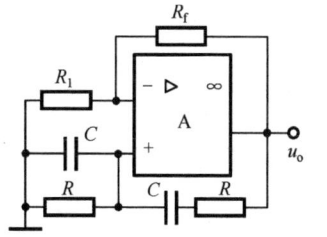

图 10.5.4 习题 10.5.9 电路图

10.5.10 电路如图 10.5.5 所示。试用相位平衡条件判断电路是否能振荡，并简述理由。指出可能振荡的电路属于什么类型。

解：

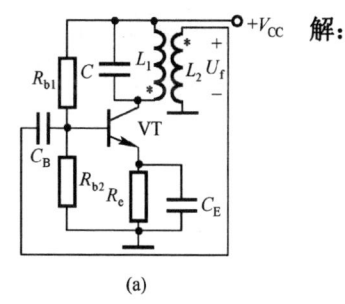

(a)

图 10.5.5 习题 10.5.10 电路图

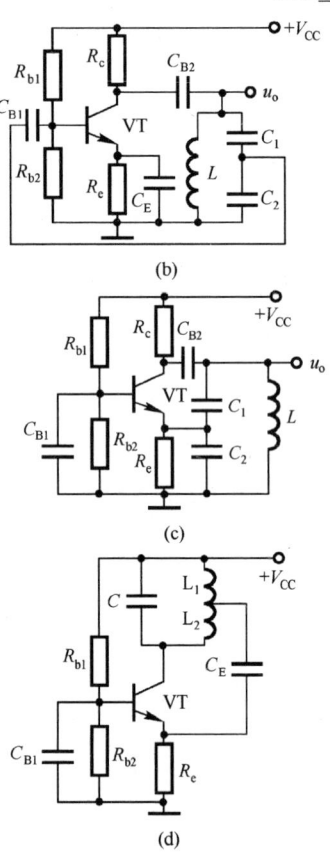

图 10.5.5 习题 10.5.10 电路图（续）

10.5.11 石英晶体振荡电路如图 10.5.6 所示。试用相位平衡条件判断电路是否能振荡，并说明石英晶体在电路中的作用。

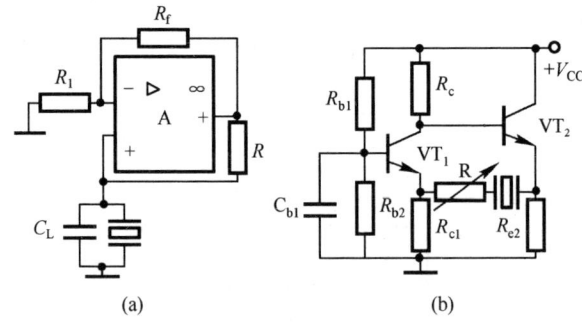

图 10.5.6 习题 10.5.11 电路图

解：

10.5.12 电路如图 10.5.7 所示,设二极管和运放都是理想的:(1) A_1、A_2 各组成什么电路？（2）求出电路周期 T 的表达式。

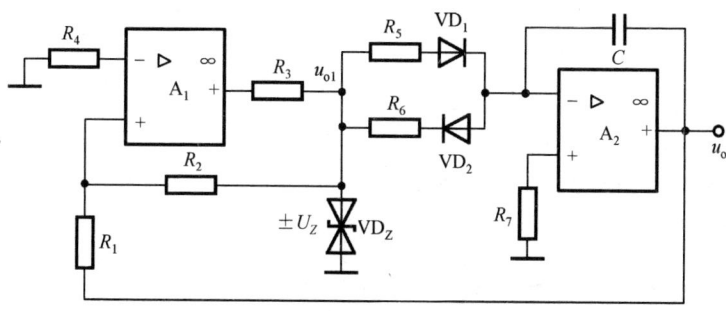

图 10.5.7 习题 10.5.12 电路图

解：

10.5.13 一个具有一阶低通特性的电压放大器,它的直流电压增益为 60dB,3dB 频率为 1000Hz。分别求频率为 100Hz、10kHz、100kHz 和 1MHz 时的增益。

解：

10.5.14 设 A 为理想运放,试推导出图 10.5.8 所示电路的电压放大倍数，并说明这是一种什么类型的滤波电路。

解：

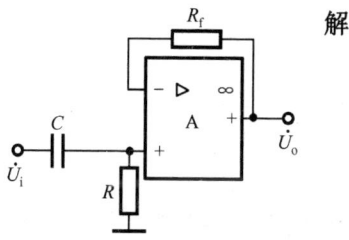

图 10.5.8 习题 10.5.14 电路图

10.5.15 设 A 为理想运放，试推导出图 10.5.9 所示电路的电压放大倍数，并说明这是一种什么类型的滤波电路。

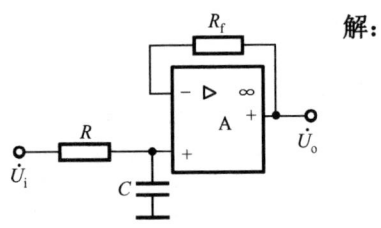

解：

图 10.5.9 习题 10.5.15 电路图

10.5.17 电路如图 10.5.10 所示，要求 $f_H = 1\text{kHz}$，$C = 0.1\mu\text{F}$，等效品质因数 $Q = 1$，试求该电路中的各电阻阻值约为多少。

解：

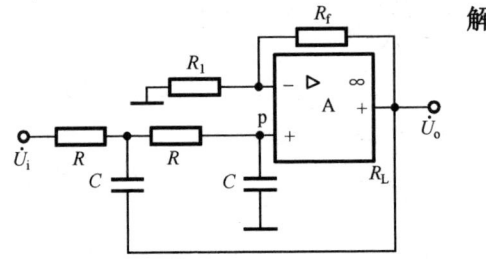

图 10.5.10 习题 10.5.17 电路图

10.5.16 已知图 10.5.8 和图 10.5.9 所示电路的通带截止频率分别为 100Hz 和 100kHz。试用它们构成一个带通滤波器，并画出幅频特性。

解：

第11章 实　　验

11.1　常用电子仪器的使用

一、实验目的

1．了解常用电子仪器的主要技术指标、性能、型号，以及面板上各旋钮和开关的功能作用。
2．初步掌握常用电子仪器的使用方法和一般的测量技术。
3．学会正确使用与本实验有关的仪器。

二、实验仪器

实验所用实验仪器如表 11.1.1 所示，实验仪器的型号和主要功能根据实验测试内容进行填写。

表 11.1.1　实验仪器

序号	仪器名称	型号	主要功能
1	模拟电路实验箱（台）装置箱		
2	数字万用表		
3	指针式万用表		
4	函数信号发生器		
5	双踪示波器		
6	交流毫伏表		

三、实验原理

1．概念介绍

（1）分贝

在电子工程领域，4 种放大电路有不同的增益，其中，A_r 为互阻增益，量纲为电阻；A_g 为互导增益，量纲为电导。A_u 和 A_i 两种无量纲的增益在工程上常用以 10 为底的对数增益表达，其基本单位为贝尔（B），平时用它的十分之一单位分贝（dB），这样用分贝表示的电压增益和电流增益分别表示为：

$$A_u(\text{dB}) = 20\lg|A_u|(\text{dB}) \qquad (11.1.1)$$

$$A_i(\text{dB}) = 20\lg|A_i|(\text{dB}) \qquad (11.1.2)$$

由于功率与电压（或电流）的平方成比例，因而功率增益表示为：

$$A_p(\text{dB}) = 10\lg A_p(\text{dB}) \qquad (11.1.3)$$

（2）误差

测量值与真值之差异称为误差，电子工程实验离不开对物理量的测量，测量有直接的，也有间接的。由于仪器、实验条件、环境等因素的限制，测量不可能无限精确，物理量的测量值与客观存在的真实值之间总会存在着一定的差异，这种差异就是测量误差。根据误差产生的原因及性质可分为系统误差与偶然误差两类。

① 系统误差

在相同条件下，多次测量时，误差的大小和方向均保持不变，或在条件变化时，按照某种确定规律变化的误差称为系统误差。产生系统误差的原因有很多种，仪器的误差、测量方法的误差和实验条件等都会造成系统误差。实际中我们应根据具体的实验条件和系统误差的特点，找出产生系统误差的主要原因，采取适当措施降低它的影响。

② 偶然误差

在相同条件下，对同一个物理量进行多次测量，由于各种偶然因素，会出现测量值时而偏大、时而偏小的误差现象，这种类型的误差叫做偶然误差。产生偶然误差的原因很多，如读数误差，实验仪器由于环境温度、湿度、电源电压不稳定、振动等因素的影响而产生微小变化等。这些因素的影响一般是微小的，而且难以确定某个因素产生的具体影响的大小，因此偶然误差难以找出原因加以排除。

为了衡量和计算测量值与真值之间的偏离程度，误差常用以下两种表示方式。

① 绝对误差

测量值 X 与真实值 X_0 之差的绝对值称为绝对误差，它反映测量值偏离真值的大小：

$$\Delta X = |X - X_0| \qquad (11.1.4)$$

② 相对误差

绝对误差与真实值 X_0 或多次测量的平均值的比值称为相对误差。常用百分数表示：

$$\delta = \frac{\Delta X}{X_0} \times 100\% \qquad (11.1.5)$$

2. 常用电子仪器

在生产、科研、教学中最常用的电子仪器有万用表、交流毫伏表、函数信号发生器、直流稳压电源、示波器、实验箱（台）、频率计等。万用表主要用于交流电流和电压有效值、直流电流、电压及电阻值的测量。交流毫伏表主要用于交流电压有效值及通频带的测量。函数信号发生器输出的正弦波、三角波、矩形波为连续变化的模拟电信号，可以采用示波器来观察与测量。

3. 正弦波和矩形波的主要电参数

正弦波和矩形波是最常用的电信号，其电压波形如图 11.1.1 所示，正弦波的主要参数可分别用有效值 U、峰值 U_p、峰-峰值 U_{p-p}、周期 T（或频率 f）表示；矩形波的主要参数有幅值 U_M、脉冲周期 T（或频率 f）和脉宽 T_p（或占空比 D）；方波是矩形波的特例，其占空比为 1:2。

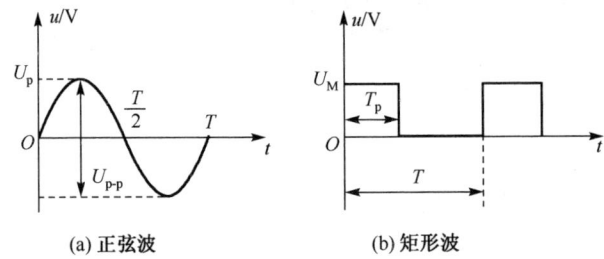

图 11.1.1 正弦波及矩形波电压波形

各种电参数之间的关系为：

$$U_{p-p} = 2U_p = 2\sqrt{2}U, \quad U_p = \sqrt{2}U, \quad T = 1/f, \quad D = T_p/T$$

示波器主要用于信号的显示和观测。电参数测试线路连接示意图如图 11.1.2 所示。

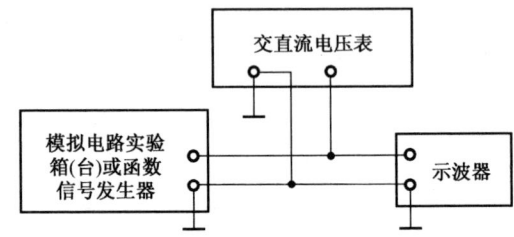

图 11.1.2 电参数测试线路连接示意图

4. 相位测量原理

用双踪示波器测量相位差时的连线示意图如图 11.1.3 所示，调节函数信号发生器使其输出频率为 2kHz、峰-峰值为 4V 的正弦波，经 RC 移相网络获得两路同频率而不同相位的正弦波，分别送到双踪示波器的 CH1 和 CH2 两个通道的信号输入端，显示方式置于"交替（ALT）"或"断续（CHOP）"挡位。然后，分别调节 CH1 和 CH2 位移旋钮和"V/DIV"开关以及相关的微调旋钮，使其显示出如图 11.1.4 所示的双踪示波器测量相位的波形。为了便于稳定波形，应将同步信号选择键拨到"CH2"位置，以便比较两个信号的相位。

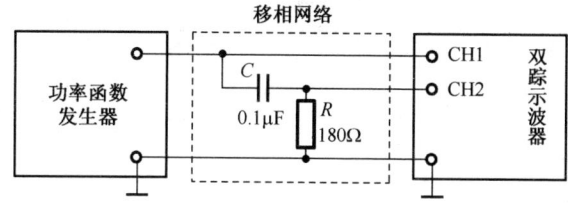

图 11.1.3 双踪示波器测量相位差时的连线示意图

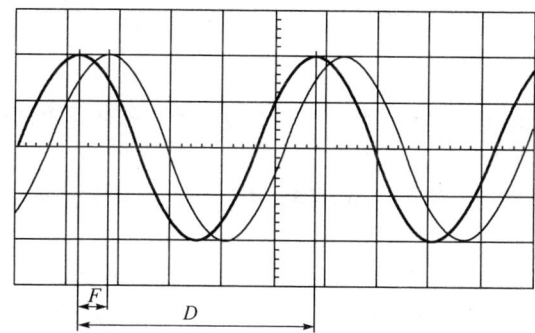

图 11.1.4 双踪示波器测量相位的波形

由图 11.1.4 可知正弦波一个周期在 X 轴向所占的格数为 D，则每格的相位为 $360°/D$，两个波形在 X 轴方向的差距为 F 格，则两个波形之间的相位差为 $\varphi = \dfrac{360°}{D} \times F$。

四、实验内容及步骤

1. 直流电压的选择与调节以及测量

根据模拟电路实验箱（台）输出的直流稳压电压值，分别用数字万用表和指针式万用表的合适量程测量出各组电压值，并记录于表 11.1.2 中。

表 11.1.2 直流电压的选择与调节以及测量记录表

序号	模拟电路实验箱（台）输出的电压值（V）	数字万用表			指针式万用表		
		量程（V）	测量值（V）	相对误差 δ	量程（V）	测量值（V）	相对误差 δ
1							
2							
3							
4							
5							
6							

2. 交流信号的选择与调节以及测量

（1）示波器自身校准信号的观察与测画

调节和选择所用示波器的相关旋钮和开关，使其处于合适的位置，各灵敏度微调旋钮一般都应置于校准位置，接入示波器自身的校准信号，调节 Y 轴和 X 轴的位移旋钮和亮度旋钮等，即可在示波器显示屏上显示出相应的方波，在图 11.1.5 所示坐标上测画出其波形，并标注幅值 U_M 和周期 T。

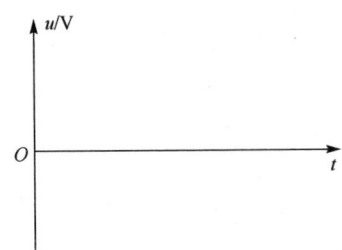

图 11.1.5 测画示波器校准信号的坐标

（2）信号波形的选择与观察

调节函数信号发生器，使其输出频率为 1kHz 左右，峰-峰值为 5V 左右，波形分别为正弦波、方波、三角波以及脉冲波，由示波器分别进行显示观察，并画出波形示意图于表 11.1.3 中。

表 11.1.3 信号发生器输出的波形图

	函数信号发生器输出的波形			
	正弦波	三角波	方波	脉冲波
示波器所显示的波形图				

（3）波形幅度的调节与测量

调节函数信号发生器，使其输出频率为 1kHz 的正弦波。按表 11.1.4 的要求，使其电压输出端输出相应的电压，并用示波器、交流毫伏表及数字万用表，分别测量其电压值，记录于表 11.1.4 中。

（4）波形频率的调节和测量

将函数信号发生器输出的正弦波电压峰-峰值调到 5V，按表 11.1.5 中的要求调到所需的频率，再分别选择合适的 T/DIV 位置，测量出相应的频率，记录于表 11.1.5 中。

表 11.1.4 正弦波电压调节与测量记录表

信号发生器输出正弦波电压 f=1kHz	示波器			交流毫伏表		数字万用表	
	V/DIV 应选挡位	波形所占 Y 轴格数	U_p 测量值	应选量程	所测电压的有效值	应选量程	所测电压的有效值
0dB U_{p-p}=8V							
−20dB U_{p-p}=0.8V							
−40dB U_{p-p}=80mV							
*0dB U_{p-p}=2V							

表 11.1.5 正弦波频率调节与测量记录表

函数信号发生器输出正弦波 U_{p-p}=5V	示波器				
	T/DIV 位置	周期所占格数	所测周期	所测频率	相对误差
1MHz					
50kHz					
1kHz					
20Hz					

五、注意事项

1．在测量电压之前，应先分清楚是交流电压还是直流电压，然后选择相对应的电压测量挡位。

2．切忌使用万用表的电阻挡或电流挡去测量交、直流电压，否则易烧坏万用表。

3．应正确合理地选择电压表的量程，以提高测量精度。在不知其电压值大小时，应先用大量程测试，然后再往下调，直到量程合适为止。

4．用示波器测量电压幅度和波形的周期时，Y 轴和 X 轴的灵敏度微调旋钮必须置于校准位置才能使测量结果正确。

六、预习要求

1. 实验前必须认真预习、阅读所用电子仪器的使用说明，初步了解其技术指标、测量功能和使用方法。
2. 应根据被测量的内容和要求（如交、直流电压和电流，测量精度高低，测量条件，交流信号的波形及频率高低等），正确选用测量仪器。

七、思考题

1. 什么是电压有效值？什么是电压峰值？
2. 用交流电压表测量的电压值和用示波器直接测量的电压值有什么不同？
3. 在用示波器测量交流信号的峰值和频率时，如何操作其关键性的旋钮才能尽可能提高测量精度？

八、实验报告要求

1. 明确实验目的。
2. 列表指明所用仪器的名称、型号和功能作用。
3. 列表整理各项实验内容，并计算出相应的测量结果（需注明单位），画出所测波形。
4. 分析计算实验测量值与实际标称值之间的相对误差。
5. 解答思考题。
6. 写出实验心得体会及其他。

11.2 叠加定理的验证

一、实验目的

1. 验证线性电路叠加定理的正确性，加深对线性电路叠加性和齐次性的认识。
2. 加深对电路参考方向的认识。
3. 通过实验掌握电路电参数的测量方法，熟悉相关仪表的使用。

二、实验仪器及元器件

1. 万用表   2. 直流电压源   3. 电阻

三、实验原理

1. 基本概念

线性电路：由线性元件构成的电路称为线性电路。

齐次性：在线性电路中，如果所有激励（即独立源）都增大（或减小）k 倍，则电路中响应（电压或电流）也将增大（或减小）同样的倍数，即将电路中所有激励均乘以常数 k，所有响应也应乘以同一个常数 k。

2. 叠加定理

在线性电路中，有多个独立源共同作用时在任意支路产生的响应，都可以认为是电路中各个独立源单独作用而其他电源不作用时，在该支路中产生的响应的代数和。

四、实验内容及步骤

1. 正确组装连接实验电路

（1）根据图 11.2.1 所示的电路原理图，搭建实验电路。

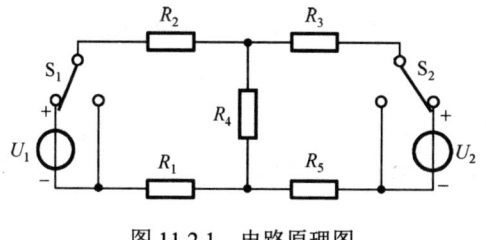

图 11.2.1　电路原理图

（2）检查组装的电路正确无误后，调节直流电压源输出为所需的电压值（如 $U_1 = +12V$，$U_2 = +5V$），然后按照实验电路接线图中所要求的极性将电源接入电路。

2. 验证叠加定理

（1）设定电路中所有支路电流和支路电压的参考方向，并标注在电路图中。

（2）分别令 U_1、U_2 电源单独作用（利用开关 S_1、S_2 实现：S_1 接电压源 U_1 处，S_2 短接时，电压源 U_1 单独作用；S_1 短接，S_2 接电压源 U_2 处时，电压源 U_2 单独作用），用万用表测量各支路电压及支路电流，并将数据记入表 11.2.1 中。测量时，直流仪表的表棒按设定的参考方向接入电路，若仪表显示数值为正，则说明设定的参考方向与实际电路电流的流向或电压的极性一致，否则相反。

表 11.2.1 实验数据记录表

实验内容	测量项目	U_1/V	U_2/V	U_{R1}/V	U_{R2}/V	U_{R3}/V	U_{R4}/V	U_{R5}/V	I_1/mA	I_2/mA	I_3/mA	I_4/mA	I_5/mA
1	U_1、U_2 共同作用												
2	U_1 单独作用												
3	U_2 单独作用												
4	U_1、U_2 单独作用叠加计算值												
5	$2U_2$ 单独作用												
6	相对误差（叠加性）												
7	相对误差（齐次性）												

（3）令 U_1、U_2 共同作用（S_1 接电压源 U_1 处，S_2 接电压源 U_2 处），测量相关电压和电流，并将数据记入表 11.2.1 中。

（4）将 U_2 的数值调至 $2U_2$ 重复上述操作。

（5）将表中第 2 行（U_1 单独作用）与第 3 行（U_2 单独作用）的相应项叠加后，填入第 4 行中，并计算相对误差（以 U_1、U_2 共同作用值为真值）。

3. 研究叠加定理的适用范围

将图 11.2.1 中的 R_4 改为二极管 VD，如图 11.2.2 所示，重复上述实验，自行设计数据表格，考察叠加定理的适用情况。

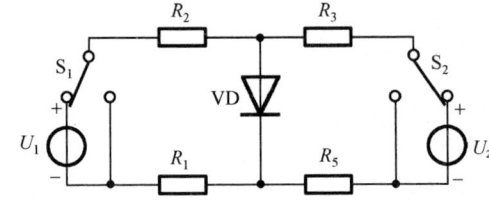

图 11.2.2 将 R_4 改为二极管 VD 的实验电路

五、实验预习要求

1. 预习实验原理和测量方法。
2. 写出预习报告，电阻值的选择应该满足所用万用表的量程，建议 $R_1 \sim R_5$ 的选择范围为 $300\Omega \sim 1k\Omega$，画出完整正确的实验电路图，求解出该电路的理论值。
3. 明确实验内容和实验步骤。

六、实验注意事项

1. 直流电压源 U_1 及 U_2 在使用时需注意正负极不可短接，否则将使电源烧坏。
2. 在测量各电压和电流前，应先设定好各支路电压和支路电流的参考方向。
3. 测量各支路电压和电流时，电压表应并联在被测负载两端，毫安表应串接在被测支路里。（注意：严禁将毫安表并联在被测元件两端！）同时应注意，仪表和表棒极性应按设定的参考方向接入电路，数据记录时应注意正负号。

七、思考题

1. 在叠加定理实验中，U_1 和 U_2 单独作用应如何操作？能否直接将不作用的电源（U_1 或 U_2）短接置零？
2. 实验电路中，若有一个电阻改为二极管，试问叠加定理的叠加性与齐次性还成立吗？为什么？
3. 电阻所消耗的功率能否用叠加定理计算得出？试用实验数据进行计算并得出结论。

11.3 戴维南定理的验证

一、实验目的

1. 验证戴维南定理的正确性，加深对等效电源电路的理解。
2. 掌握有源二端电路等效参数的一般测量方法。
3. 进一步学习常用直流仪器仪表的使用方法。

二、实验仪器及元器件

1. 万用表 2. 直流电压源 3. 电阻

三、实验原理

1. 戴维南定理

戴维南定理：任何一个线性含源二端网络（单口网络），对外部电路而言，总可以用一个理想电压源和一个电阻元件相串联的有源支路来代替，如图 11.3.1 所示。其中，理想电压源等于这个有源二端网络的开路电压 U_{oc}，电阻等于该网络中所有独立电源均置零（电压源置零可理解为短路，电流源置零可理解为开路）后的等效电阻 R_O。

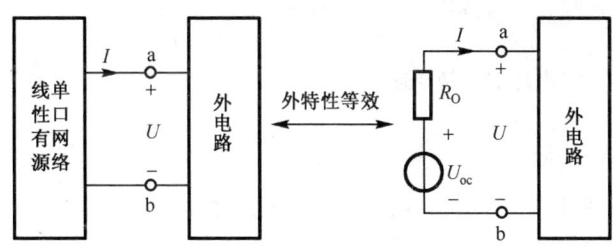

图 11.3.1 戴维南定理示意图

2. 有源二端网络等效参数的测量方法

（1）开路电压－短路电流法

如图 11.3.1 所示，在线性有源二端网络输出端开路时，用电压表直接测其输出端的开路电压 U_{oc}，然后再将其输出端短路，测其短路电流 I_{sc}，其内阻为：$R_O=U_{oc}/I_{sc}$。若线性有源二端网络的内阻值很低，则不宜测其短路电流。

（2）测定有源二端网络等效电阻 R_O

将被测线性有源网络内的所有独立源置零，然后用万用表的欧姆挡去测负载开路后 a、b 两点间的电阻值，此值即为被测网络的等效电阻 R_O。

（3）伏安法

如图 11.3.1 所示，测量该单口网络的外特性，即测量两个不同负载电阻 R_L 流过的电流值和电压值，如图 11.3.2 所示。

其中，外特性曲线的延伸线在纵坐标上的截距就是 U_{oc}，在横坐标上的截距就是 I_{sc}，从而得出：$R_O=U_{oc}/I_{sc}$。或求出外特性曲线的斜率 $\tan\varphi$，则内阻为：$R_O = \tan\varphi = \Delta U/\Delta I$。

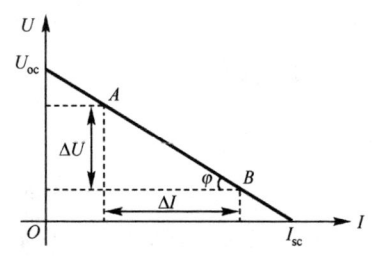

图 11.3.2　线性有源二端网络外特性曲线

四、实验内容及步骤

1. 正确组装连接实验电路

（1）根据图 11.3.3(a)所示的电路原理图，搭建实验电路。其等效电路如图 11.3.3（b）所示。

（2）检查组装的电路正确无误后，调节直流电压源输出为所需的电压值。

（3）此电路电源 U_1 可以采用+12V 直流电源，电阻 R_1~R_4 考虑万用表测量范围，可取 200Ω~1kΩ。

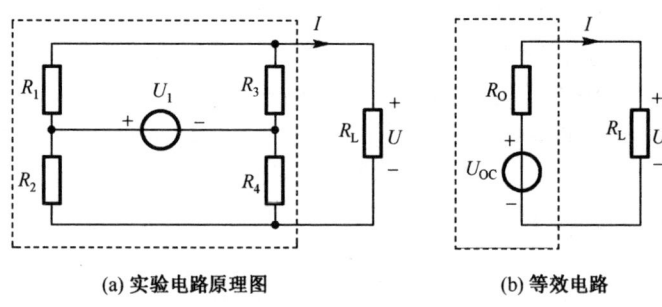

(a) 实验电路原理图　　(b) 等效电路

图 11.3.3　被测有源二端网络电路

2. 测量有源二端网络的等效参数并验证戴维南定理

（1）用开路电压－短路电流法测量如图 11.3.3(a)所示电路的戴维南等效电路的 U_{oc}（即负载电阻断开所测的开路电压）和负载电阻 R_L 为零时的短路电流 I_{sc}，并记录于表 11.3.1 中。

表 11.3.1　测量有源二端网络的等效参数

测量			计算
U_{oc}/V	I_{sc}/mA	R_O	$R_O=U_{oc}/I_{sc}$

（2）测量有源二端网络等效电阻。根据戴维南定理将被测有源线性网络中所有的独立源置零（电流源开路，电压源短路），直接用万用表测量单口网络开路端（负载电阻 R_L 开路）的电阻值，该值即为有源二端网络的等效电阻 R_O，记录所测 R_O 的值并与表 11.3.1 中的计算值比较。

（3）用伏安法测量有源二端网络的外特性。改变如图 11.3.3(a)所示的负载电阻 R_L 的阻值（0～1kΩ），测量其两端的电压及流过的电流值，记录于表 11.3.2 中。

（4）根据（1）和（2）中测量的开路电压 U_{oc} 和等效电阻 R_O 的值，搭建如图 11.3.3(b)所示的电路。改变负载电阻 R_L 的阻值，测量其端电压和流过的电流，并记录于表 11.3.2 中。

表 11.3.2　有源二端网络及其戴维南等效电路外特性参数测试及比较

	R_L/Ω	0						1k
有源线性二端网络	U/V							
	I/mA							
等效电路	U/V							
	I/mA							
误差分析	相对误差 $\frac{\Delta U}{U} \times 100\%$							
	相对误差 $\frac{\Delta I}{I} \times 100\%$							

（5）以有源二端网络的测量值为真值，计算相对误差。

（6）根据表 11.3.2 所得的结果，对戴维南定理进行验证。

五、实验预习要求

1．预习实验原理和测量方法。

2．写出预习报告，画出完整正确的实验电路图，求解出该电路的理论值。

3．明确实验内容和实验步骤。

六、实验注意事项

1．测量时，应合理选择电流表的量程。

2．电压源置零时不可将其直接短路，应先关闭（或移除）电压源后，再将电路中原电压源两端点短接。

3．改接电路时要先关掉电源。

4．用万用表直接测量有源线性二端网络的等效电阻 R_O 时，网络内的独立源必须先置零，然后再进行测量。

七、思考题

1．根据戴维南定理，求出图 11.3.3(a)所示电路中单口网络（虚线所框部分）的开路电压 U_{oc}、等效电阻 R_O 及短路电流 I_{sc}，并与实验所测值进行比较，分析误差产生的原因。

2．若如图 11.3.3(a)所示电路中的单口网络（虚线所框部分）含有二极管时，戴维南定理还成立吗？为什么？

3．比较几种测量有源线性单口网络等效内阻的方法，分析其优缺点。

11.4　一阶动态电路及其响应

一、实验目的

1．研究一阶电路的零输入响应、零状态响应的特点和规律。

2．学会用示波器测量一阶电路时间常数的方法。

3．理解积分电路和微分电路的概念，掌握积分、微分电路的设计和条件。

二、实验仪器

1．双踪示波器　　2．函数信号发生器

三、实验原理

1. 一阶动态电路及响应

一阶 RC 动态电路如图 11.4.1 所示,设开关 S 在位置 "2" 时电路已稳定,$u_C(0_-)=0$,当 $t=0$ 时,开关改变至位置 "1",电容开始充电,充电的快慢由时间常数 $\tau=RC$ 决定,当 u_C 从 0 充电到 U_S 时,暂态过程结束,电路达到稳态。此阶段电容电压响应为零状态响应,电压波形如图 11.4.2 中曲线 a 所示。

$$u_C(t)=U_S(1-e^{-t/\tau}),\quad t\geqslant 0$$

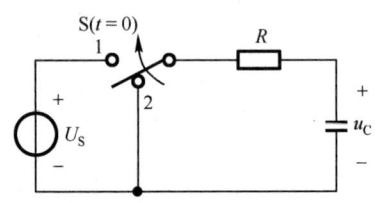
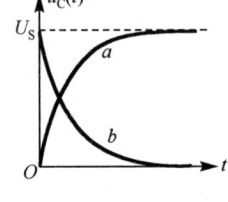

图 11.4.1 一阶 RC 动态电路　　图 11.4.2 响应电压波形

当开关 S 在 "1" 处达到稳态时 $u_C=U_S$,再将开关接至 "2" 的位置,此时的响应为零输入响应,电容通过电阻放电,其电压值从 U_S 下降到 0,暂态结束,达到稳态。电容电压的放电响应波形如图 11.4.2 中曲线 b 所示。

$$u_C(t)=U_S e^{-t/\tau},\quad t\geqslant 0$$

为了便于观察,使上述充放电的单次过程重复出现,可使用信号源产生的方波信号代替直流电源和开关 S。只要方波的周期足够长($T/2 \geqslant 5\tau$),则方波的正脉冲引起零状态响应,方波的负脉冲引起零输入响应,波形如图 11.4.3 所示。

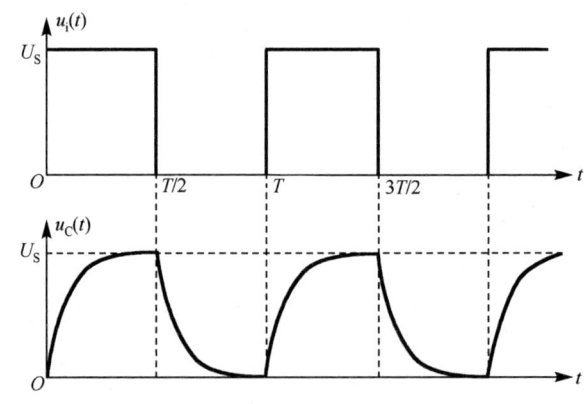

图 11.4.3 方波激励下的响应波形

2. 电路时间常数 τ 的测量

电容的充电响应波形如图 11.4.4 所示,则电容电压 u_C 由 0 上升到 $U_S/2$ 所需的时间为 $\Delta t=0.69\tau$(K_1 点),由 0 上升到 $0.632U_S$ 所经历的时间为 τ(K_2 点)。事实上,曲线上任一点开始时都遵循此规律。图 11.4.4 中,若从 K_3 点至稳态值 U_S 之间的电压差为 U_p,则从 K_3 开始,电压上升至 $U_p/2$ 的 K_4 点所经历的时间也是 0.69τ。

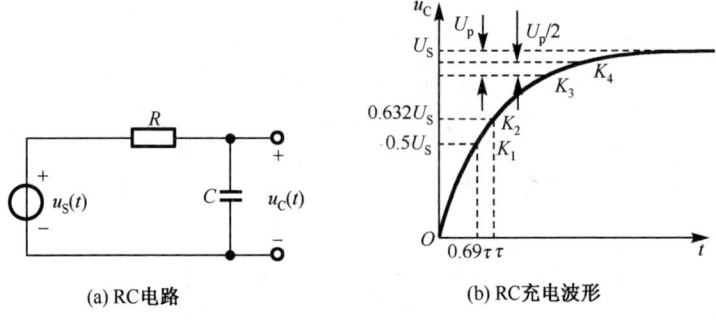

(a) RC 电路　　(b) RC 充电波形

图 11.4.4 电容的充电响应电压波形

所以用示波器测量动态电路的时间常数 τ，只要从示波器上读出电容电压上升一半所需时间 Δt，再利用 $\tau = \Delta t / 0.69$ 即可。

3. 积分电路和微分电路

RC 电路在不同激励条件下，当电路的元件参数和输入信号的周期之间存在某种特定关系时，可构成简单的积分电路和微分电路，实现波形变换。积分电路和微分电路及其响应如图 11.4.5 所示。

（1）积分电路

积分电路如图 11.4.5(a)所示。当电路的时间常数 τ 远大于输入方波的周期 T，即 $\tau = RC \gg T/2$ 时，电容充放电速度缓慢，在方波作用的任何时刻，输出响应均未能达到稳态，则：

$$\begin{cases} u_R(t) \gg u_C(t) \\ u_R(t) \approx u_i(t) \end{cases}$$

因此，$i(t) = \dfrac{u_R(t)}{R} \approx \dfrac{u_i(t)}{R}$，从而 $u_o(t) = u_C(t) = \dfrac{1}{C}\int i(t)\mathrm{d}t \approx \dfrac{1}{RC}\int u_i(t)\mathrm{d}t$。

输出信号近似与输入信号的积分成正比。当输入信号峰-峰值为 $2U$ 时，输出响应近似为三角波，其峰-峰值 $2U'$ 远小于 $2U$，如图 11.4.5(d)所示。

（2）微分电路

微分电路如图 11.4.5(b)所示。此时电路输出电压 u_o 是电阻 R 上的响应，当电路的时间常数 τ 远小于输入方波的周期 T 时，即 $\tau = RC \ll T/2$。由于电路的 τ 很小，电容电压在很短时间内就完成了充放电的动态过程，同时电阻上的响应电压很快由峰值衰减到零，则

$$\begin{cases} u_R(t) \ll u_C(t) \\ u_C(t) \approx u_i(t) \end{cases}$$

因此 $u_o(t) = u_R(t) = Ri(t) = RC\dfrac{\mathrm{d}u_C(t)}{\mathrm{d}t} \approx RC\dfrac{\mathrm{d}u_i(t)}{\mathrm{d}t}$，输出电压近似与输入电压的微分成正比。其输出电压波形如图 11.4.5(e)所示。

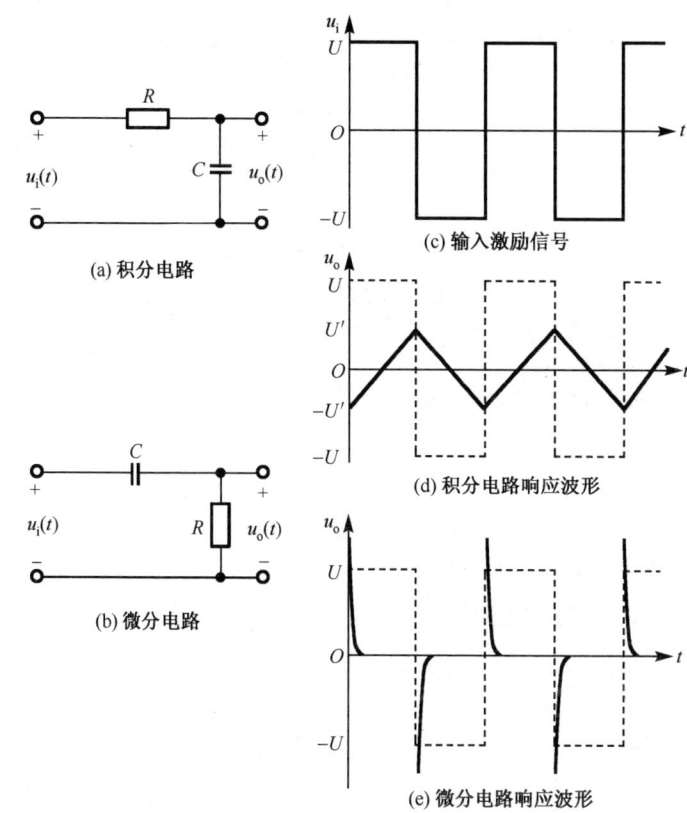

图 11.4.5　积分电路和微分电路及其响应

四、实验内容及步骤

函数信号发生器输出幅值为 3V、频率为 1kHz 的方波，分别接入图 11.4.4(a)和图 11.4.5(a)、(b)所示电路。

1. 一阶 RC 电路暂态响应的观察及时间常数 τ 值的测量

（1）根据图 11.4.4(a)所示电路图，选取 R 和 C 值，保证

$$\frac{T}{2} = 5\tau = 5RC$$

（2）连接实验电路图，用示波器观察并绘制方波信号波形 $u_S(t)$ 和输出信号波形 $u_o(t)=u_C(t)$。

（3）用示波器测量 u_C 充电时上升到稳态值一半所需的时间 $\Delta t = 0.69\tau$，并计算电路的时间常数值 τ。

2. 积分电路响应的观察

（1）根据图 11.4.5(a)所示电路图，选取合适的 R 和 C 值，保证

$$\tau = RC \geq \frac{T}{2}$$

（2）连接实验电路图，用示波器观察并绘制方波信号波形 $u_S(t)$ 和输出信号波形 $u_o(t)=u_C(t)$。

3. 微分电路响应的观察

（1）根据图 11.4.5(b)所示电路图，选取合适的 R 和 C 值，保证

$$\frac{T}{2} \geq 15\tau = 15RC$$

（2）连接实验电路图，用示波器观察并绘制方波信号波形 $u_S(t)$ 和输出信号波形 $u_o(t)=u_R(t)$。

五、实验预习要求

1．预习实验原理和测量方法。

2．写出预习报告，画出完整正确的实验电路图，设计出合适的实验参数。

3．在预习报告中明确实验内容和步骤。

六、实验注意事项

1．电阻电容元件参数的选取要合理，不可太大或太小，否则不利于观测和记录。

2．注意及时调节示波器的垂直灵敏度，以便观察波形。

七、思考题

1．根据实验观测结果，总结积分电路的形成条件，阐明波形变换特征。当电路元件参数发生变化时，响应波形如何变化？

2．若将一阶 RC 电路改为一阶 RL 电路，对于方波激励，电路的响应波形又会怎样？

11.5 RLC 串联谐振电路

一、实验目的

1．了解交流电路中 RLC 串联谐振产生的条件，加深对交流电路中电压、电流相位关系的理解。

2．测量 RLC 串联电路的谐振曲线，掌握电路参数对谐振特性的影响。

3．熟悉用示波器观察电流、电压相位差的方法。

二、实验仪器

1．函数信号发生器　2．示波器　3．万用表　4．毫伏表

三、实验原理

对于任意一个由电阻、电容、电感组成的电路，如果在某种条件

下，端口的电压 u 与电流 i 同相，如图 11.5.1 所示的单口网络，则电路的等效阻抗角 $\varphi=0$，电路呈电阻性，这种现象称为谐振。

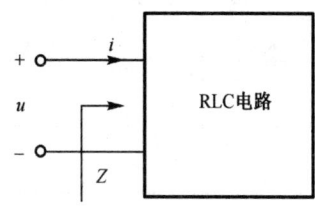

图 11.5.1　单口网络

图 11.5.2 所示为 RLC 串联电路，设输入信号的角频率为 ω，则电路的阻抗为

$$Z = R + j\omega L + \frac{1}{j\omega C} = R + j(X_L - X_C) = R + jX$$

阻抗的模为　$Z = \sqrt{R^2 + X^2} = \sqrt{R^2 + \left(\omega L - \frac{1}{\omega C}\right)^2}$

1. 串联谐振条件

阻抗的模与角频率的关系如图 11.5.3 所示。

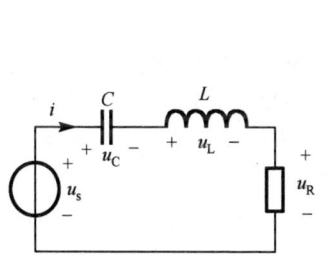

图 11.5.2　RLC 串联电路

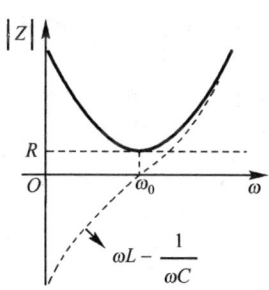

图 11.5.3　阻抗的模与角频率的关系

由图 11.5.3 所示的曲线可知，当感抗等于容抗时，即 $\omega L - \frac{1}{\omega C} = 0$ 或 $X = 0$ 时，电路呈现电阻性，此时电压、电流同相，电路发生谐振。由于谐振是在 RLC 串联电路中发生的，故称为串联谐振。对应的频率称为谐振频率，记为 ω_0 或 f_0，即 $\omega_0 = \frac{1}{\sqrt{LC}}$ 或 $f_0 = \frac{1}{2\pi\sqrt{LC}}$。由此可知，调整电路中的 L、C 或 f 中的任何一个量，电路都能产生谐振。

2. 使 RLC 串联电路发生谐振的条件

（1）L 和 C 不变，改变 ω。

ω_0 由电路本身的参数决定，一个 RLC 串联电路只能有一个对应的 ω_0，当外加频率等于谐振频率时，电路发生谐振。

（2）电源频率不变，改变 L 或 C（常改变 C）。

3. RLC 串联电路谐振时的特点

（1）电压与电流同相位，电路呈现电阻性。

（2）串联谐振阻抗 $Z = R$ 最小。

（3）当电源电压一定时，电路中电流最大。

（4）电感端电压与电容端电压大小相等，相位相反，互相抵消，因此串联谐振又称电压谐振。

（5）电阻功率 $P = I^2 R = \dfrac{U^2}{R}$ 达到最大。

4. 特性阻抗和品质因数

谐振时的感抗或容抗称为特性阻抗 ρ，即 $\rho = \omega_0 L = \dfrac{1}{\omega_0 C} = \sqrt{\dfrac{L}{C}}$。$\rho$ 与谐振频率无关，仅由电路参数 L 和 C 决定，单位为欧姆（Ω）。

特性阻抗与电阻的比值，称为品质因数 Q，即 $Q = \dfrac{\rho}{R} = \dfrac{\omega_0 L}{R} =$

$\frac{1}{\omega_0 RC} = \frac{1}{R}\sqrt{\frac{L}{C}}$。Q 是说明谐振电路性能的一个指标,仅由电路的参数决定,无量纲。

四、实验内容及步骤

1. 搭建如图 11.5.2 所示的 RLC 串联电路,可选择 $R = 100\Omega$,$L = 30\text{mH}$,$C = 0.1\mu\text{F}$。

2. 检查组装的电路正确无误后,调节函数信号发生器输出电压(可使得有效值 $U_S = 1\text{V}$),然后按照实验电路接线图中所要求的极性将电源接入电路。

3. 将毫伏表并接在电阻 R 两端,调节函数信号发生器的频率(可在 1kHz~5kHz 之间由小逐渐变大进行调节),观察毫伏表读数 U_R,测量并记录表 11.5.1 所示参数。

表 11.5.1 RLC 串联电路测量参数

电阻	电压	频率(kHz)										
		1	1.5	2.0	2.5	2.8	2.9	3.0	3.1	3.6	4.0	4.5	5.0
100Ω	U_{R1}												
	U_{R1}/U_S												
200Ω	U_{R2}												
	U_{R2}/U_S												

4. 当电压读数为最大时,记录谐振频率 f_0 的值,测量电阻、电容和电感两端的电压 U_R、U_L 和 U_C,计算 RLC 串联谐振电路的电流 I 与品质因数 Q,并记录于表 11.5.2 中。

表 11.5.2 RLC 串联谐振电路测试参数

电阻	测量数据				计算数据	
	f_0(Hz)	U_R(V)	U_L(V)	U_C(V)	Q	I(A)
100Ω						
200Ω						

5. 在谐振频率附近,用示波器观察信号源电压 u_S 与电阻电压 u_R 波形,注意观察二者的相位关系(因为电阻电压 u_R 与电流 i 同相,所以这二者的相位关系实际上体现了电路的总电压 u_S 与总电流 i 的相位关系),分别绘制 $f < f_0$,$f = f_0$ 和 $f > f_0$ 时的信号源-电阻电压波形。

6. 根据表 11.5.1 的测量记录,画出串联谐振电路的 U_R-f 曲线。

五、实验预习要求

1. 预习实验原理和测量方法。
2. 写出预习报告,画出完整正确的实验电路图。
3. 在预习报告中明确实验内容和步骤。

六、实验注意事项

1. 在调节频率过程中,函数信号发生器的输出幅值应保持不变。
2. 调节谐振频率时,应在谐振点反复多调几次。
3. 谐振频率 f_0 的调节,也可以用示波器观测信号源电压与电阻电压同相时测得。
4. 测量 U_L 与 U_C 时,应将毫伏表的量程增大,并采用悬空地的方式。

5. 用示波器观测信号源与电阻两端电压相位差时,应将示波器两个通道的水平参考线调重合。

七、思考题

1. 改变电路的哪些参数可以使电路发生谐振,电路中电阻 R 的阻值是否会影响谐振频率的值?
2. 如图 11.5.2 所示的电路发生谐振时,电容的电压 U_C 和电感的电压 U_L 是否相等?为什么?
3. 根据实验数据,说明谐振 U_R-f 曲线与品质因数的关系。

11.6 集成运算放大器的线性应用

一、实验目的

1. 学会正确使用集成运算放大器。
2. 掌握集成运算放大电路的设计和调试方法。
3. 了解集成运算放大器在实际使用时应该注意的一些问题。

二、实验仪器及元器件

1. 实验箱　2. 万用表　3. 集成芯片　4. 电阻

三、实验原理

集成运算放大器是高增益的多级直接耦合放大器。当集成运放工作在线性区时,其参数很接近理想值,实际应用时通常把它当做理想运放来分析。此时,它满足"虚断"(即输入电流 $I_+ = I_- = 0$)和"虚短"(即输入电压 $U_+ = U_-$)特性。

集成运放按指标可分为通用型、高速型、低功耗型、大功率型、高精度型。其封装形式最常用的是双列直插式,其中,8 脚的 μA741 或 F007 的引脚图如图 11.6.1 所示。不同型号的运放各脚号的功能可能有所不同,可查阅有关手册。

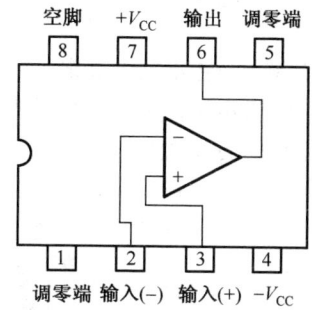

图 11.6.1　集成运放 F007/μA741 引脚图

1. 反相比例运算电路

反相比例运算电路如图 11.6.2 所示,信号由反相端输入,输出信号 U_o 与输入信号 U_i 相位相反,U_o 经 R_F 反馈到反相输入端,构成电压并联负反馈电路。图 11.6.2 中虚线加框部分是由电阻 R 和电位器 R_{p1} 构成的分压电路,为反相比例运算电路提供输入信号 U_i。

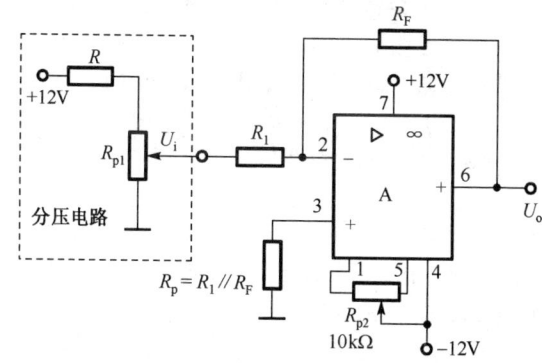

图 11.6.2　反相比例运算电路

根据"虚断"、"虚短"概念可知，该电路的闭环电压放大倍数为

$$A_{uF} = \frac{U_o}{U_i} = -\frac{R_F}{R_1}$$

其值为负值，说明输入与输出电压反相。此式还说明在一定条件下，运放的输出电压与输入电压的大小关系是由反馈电阻 R_F 与电阻 R_1 的比值决定的，与电路中的其他参数无关。

若输入信号为正弦交流电压时，其输入信号最大不失真电压的峰-峰值为

$$U_{ipp} = \frac{U_{opp}}{|A_{uF}|} = \frac{U_{opp}R_1}{R_F} = \frac{2U_{oM}R_1}{R_F}$$

通常，U_{oM} 比电源电压 V_{CC} 小 1~2V。

由于反相输入端具有"虚地"的特点，故其共模输入电压为零。当 $R_F = R_1$ 时，运算电路的输出电压等于输入电压的负值，故称为反相器。

2. 同相比例运算电路

同相比例运算电路如图 11.6.3 所示，输入信号 U_i 接同相输入端，输出信号 U_o 经 R_F 反馈到反相输入端，使整个电路形成电压串联负反馈。图 11.6.3 中虚线加框部分是由电阻 R 和电位器 R_{p1} 构成的分压电路，为同相比例运算电路提供输入信号 U_i。

当把运放看成是理想运放，且工作在线性区时，有

$$A_{uF} = \frac{U_o}{U_i} = 1 + \frac{R_F}{R_1} \text{ 或 } U_o = \left(1 + \frac{R_F}{R_1}\right)U_i \quad (11.6.1)$$

式（11.6.1）说明输出电压与输入电压成比例，且同相位，同时也说明同相比例运算电路的闭环电压增益仅与反馈电阻 R_F 及比例电阻 R_1 有关。当图 11.6.3 中的 $R_F = 0$ 或者 $R_1 = \infty$ 时，$A_{uF} = 1$，说明输出电压 U_o 与输入电压 U_i 大小相等、相位相同，称为同相电压跟随器，常用于放大器中的阻抗变换。

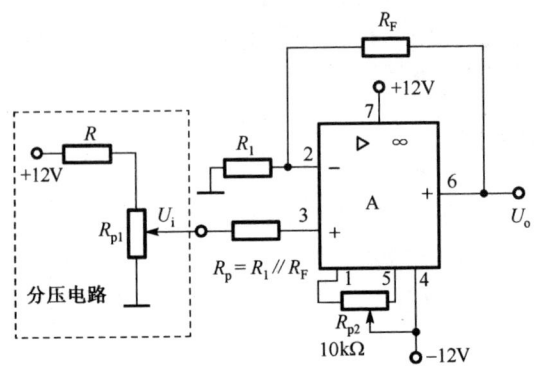

图 11.6.3 同相比例运算电路

3. 反相求和运算电路

反相求和运算电路如图 11.6.4 所示，此电路在反相比例运算电路的基础上增加了几条输入支路，构成反相求和运算电路，也称为反相加法运算电路。

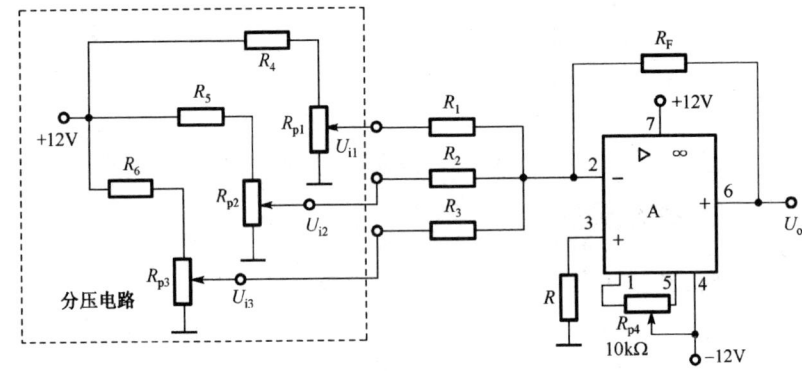

图 11.6.4 反相求和运算电路

在理想的条件下，运放的反相输入端为"虚地"，三路输入电压彼

此隔离，各自独立地经比例电阻转换成电流，进行代数和运算，电路的输出电压为：

$$U_o = -\left(\frac{R_F}{R_1}U_{i1} + \frac{R_F}{R_2}U_{i2} + \frac{R_F}{R_3}U_{i3}\right)$$

当 $U_{i1} = U_{i2} = U_{i3} = U_i$ 时，$U_o = -\left(\frac{R_F}{R_1} + \frac{R_F}{R_2} + \frac{R_F}{R_3}\right)U_i$

当 $R_1 = R_2 = R_3 = R_F$ 时，$U_o = -(U_{i1} + U_{i2} + U_{i3})$

电路中为了减少失调的影响，应取 $R = R_1 // R_2 // R_3 // R_F$。

4. 减法运算电路

减法运算电路如图 11.6.5 所示，当 $R_1 = R_2$，$R_3 = R_F$ 时，由叠加定理可求得其输出电压为：

$$U_o = (U_{i2} - U_{i1})\frac{R_F}{R_1} \qquad (11.6.2)$$

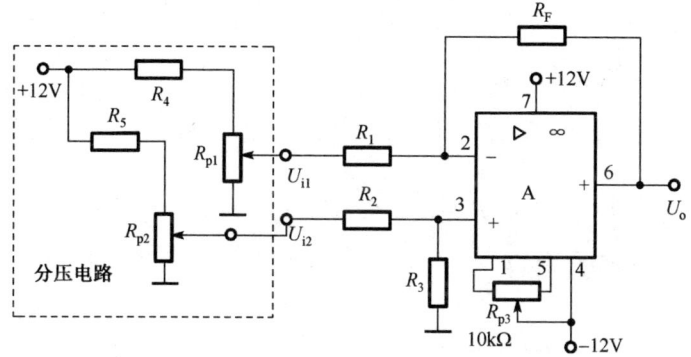

图 11.6.5 减法运算电路

式 (11.6.2) 说明该电路实现了减法比例运算。
当图 11.6.5 中 $R_1 = R_2 = R_3 = R_F$ 时，则有：

$$U_o = U_{i2} - U_{i1}$$

从而实现了减法运算。减法运算电路常用于将差分输入转换成单端输出的情况，广泛地用来放大具有强烈共模干扰的微弱信号。另外需要指出，要实现精确的减法运算，必须严格选取电阻 R_1、R_2、R_3、R_F，并进行调零。

5. 积分运算电路

将反相比例电路中的反馈电阻 R_F 换成电容 C_f，就组成了反相积分电路，如图 11.6.6 所示。假设电容 C_f 上的初始电压为零（即在 $t=0$ 时刻，电容 C 两端的电压值 $u_c(0) = 0$），则：

$$u_o(t) = -\frac{1}{R_1 C_f}\int u_i(t)dt$$

如果 $u_i(t)$ 是幅值为 U 的阶跃电压，并设 $u_c(0) = 0V$，则：

$$u_o(t) = -\frac{1}{R_1 C_f}\int_0^t U dt = -\frac{U}{R_1 C_f}t$$

即输出电压 $u_o(t)$ 随时间增长而线性下降。显然，$R_1 C_f$ 的数值越大，达到给定的 u_o 值所需的时间就越长。积分电路输出电压 u_o 所能达到的最大值受集成运放最大输出范围的限制。

如果 $u_i(t)$ 是幅值为 U_m 的方波，则积分电路输出电压的波形如图 11.6.7 所示。

四、实验电路参数设计

分别用集成运放等器件组成一个反相比例运算电路、同相比例运算电路、反相求和运算电路和减法运算电路，其输出电压 U_o 与输入电压 U_i 的关系分别对应满足

$$U_o = -10U_i$$
$$U_o = 11U_i$$
$$U_o = -(20U_{i1} + 10U_{i2} + 5U_{i3})$$
$$U_o = 10(U_{i2} - U_{i1})$$

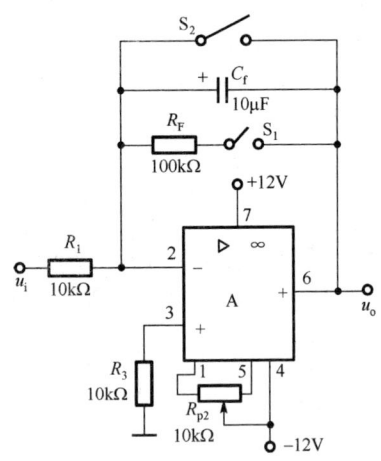

图 11.6.6 反相积分运算电路

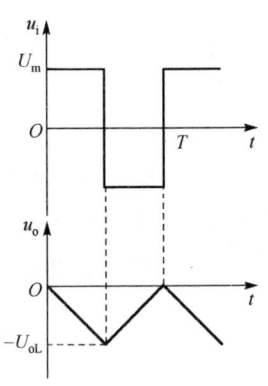

图 11.6.7 方波信号输入及积分电路输出电压波形

集成运放的工作电源为±12V。要求选用集成运放的型号，设计各电阻的阻值，并根据实验室现有的电阻选取确定，并完整正确地画出以上 5 种实验电路（包括每种电路中的调零电位器，尤其是各种电路中运放的脚号等）。

一般在性能指标和精度没有特别要求的情况下，运放可选如μA741 的通用型集成运放。在运放选定后，对于给定范围内的电压增益，若能合理地选择电路的元器件参数，就能使集成运放的开环放大倍数 A_{od}、输入电阻 r_i、输出电阻 r_o 对闭环运算精度的影响降到最小。其反相和同相比例运算电路中的最佳反馈电阻 R_F 应分别按以下有关公式计算。

1．反相比例运算电路

反馈电阻 $\qquad R_F = \sqrt{\dfrac{r_i\, r_o\, (1-A_{uF})}{2}}$

比例电阻 $\qquad R_1 = -R_F/A_{uF}$

平衡电阻 $\qquad R_P = R_1 // R_F$

2．同相比例运算电路

反馈电阻 $\qquad R_F = \sqrt{\dfrac{r_i\, r_o\, A_{uF}}{2}}$

比例电阻 $\qquad R_1 = \dfrac{R_F}{A_{uF}-1}$

平衡电阻 $\qquad R_P = R_1 // R_F$

本实验式中的 r_i 和 r_o 可根据运放型号查有关手册得知。本实验为了方便起见，也可设 $r_i = 20\text{M}\Omega$，$r_o = 100\Omega$。

3．反相求和电路

反馈电阻 R_F 的求法与反相比例运算电路完全相同（其中 A_{uF} 的值可按中间值取，本实验 A_{uF} 可取-10）。其比例电阻根据要求可得

$$R_1 = R_F/20, \quad R_2 = R_F/10, \quad R_3 = R_F/5$$

平衡电阻 $\qquad R = R_F // R_1 // R_2 // R_3$

4．减法运算电路

反馈电阻 R_F 的求法与反相比例电路完全相同，其比例电阻根据要求可得：

$$R_1 = R_2 = R_F/10, \quad R_3 = R_F$$

五、实验内容

1．反相比例运算电路

正确组装连接如图 11.6.2 所示的实验电路，对电路进行调零，使 $U_i = 0$（即将 U_i 端接地），调节调零电位器，使 $U_o' = 0$，或记下 U_o' 的值，并验证相位及比例关系：$A_{uF} = U_o/U_i$（取 $U_i = 0.4\text{V}$）或 $A_{uF} = (U_o - U_o')/U_i$，将测量数据记录于表 11.6.1 中。

2. 同相比例运算电路

正确组装连接如图 11.6.3 所示实验电路，对电路进行调零，使 $U_i=0$（即将 U_i 端接地），调节调零电位器，使 $U'_o=0$，或记下 U'_o 的值，并验证相位及比例关系：$A_{uF}=U_o/U_i$（取 $U_i=0.4V$）或 $A_{uF}=(U_o-U'_o)/U_i$，将测量数据记录于表 11.6.1 中。

3. 反相求和运算电路

正确组装连接如图 11.6.4 所示的实验电路，对电路进行调零，使 $U_{i1}=U_{i2}=U_{i3}=0$（即将 U_{i1}、U_{i2} 和 U_{i3} 端均接地），调节调零电位器，使 $U'_o=0$，或记下 U'_o 的值，并验证反相求和关系：$U_o=-(20U_{i1}+10U_{i2}+5U_{i3})$（取 $U_{i1}=0.2V$，$U_{i2}=0.3V$，$U_{i3}=0.4V$）或 $U_o=-(20U_{i1}+10U_{i2}+5U_{i3})-U'_o$，将测量数据记录于表 11.6.1 中。

4. 减法运算电路

正确组装连接如图 11.6.5 所示的实验电路，对电路进行调零，使 $U_{i1}=U_{i2}=0$（即将 U_{i1} 和 U_{i2} 端均接地），调节调零电位器，使 $U'_o=0$，或记下 U'_o 的值，并验证减法运算关系：$U_o=10(U_{i2}-U_{i1})$（取 $U_{i2}=1.0V$，$U_{i1}=0.5V$）或 $U_o=10(U_{i2}-U_{i1})-U'_o$，将测量数据记录于表 11.6.1 中。

表 11.6.1 实验数据记录表

测量电路	输入电压		输出电压				输出电压相对误差
	理论值	实测值	调零电压 U'_o	实测值 U_o	修正值 U_o	理论值	
反相比例运算电路	$U_i=0.4V$						
同相比例运算电路	$U_i=0.4V$						
反相求和运算电路	$U_{i1}=0.2V$						
	$U_{i2}=0.3V$						
	$U_{i3}=0.4V$						
减法运算电路	$U_{i1}=0.5V$						
	$U_{i2}=1.0V$						

5. 积分运算电路

正确组装连接如图 11.6.6 所示的实验电路，在进行积分运算之前，首先应对运放调零。为了便于调节，将 S_1 闭合，即通过电阻 R_F 的负反馈作用帮助实现调零。但在完成调零后，应将 S_1 打开，以免因 R_F 的接入造成积分误差。S_2 的设置一方面为积分电容放电提供通路，同时可实现积分电容初始电压 $u_C(0)=0V$。另一方面，可控制积分起始点，即在加入信号 u_i 后，只要 S_2 一打开，电容就被恒流充电，电路就开始进行积分运算。

打开 S_2，闭合 S_1，对运放输出 u_o 进行调零。调零完成后，再打开 S_1，闭合 S_2，使 $u_C(0)=0V$。

预先调好直流输入电压 $U_i=0.5V$，接入实验电路，再打开 S_2，然后用直流电压表测输出电压 U_o，每隔 5s 读一次 U_o，将测量结果记入表 11.6.2 中，直到 U_o 的绝对值不再继续明显增大为止。

表 11.6.2 积分运算电路实验数据记录表

t/s									
U_o/V									

输入频率为 1kHz，幅值为 500mV 的方波，观察并测画出输出波形，标出其幅值及周期于图 11.6.8 中。

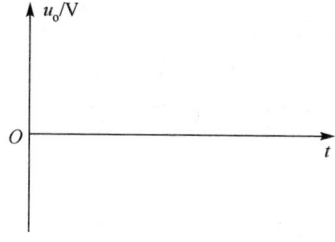

图 11.6.8 测画积分运算电路输出波形坐标

六、注意事项

1. 集成运放的电源电压值必须正确，在接线之前必须调节和验证其值是否正确，断开电源开关之后才能进行接线。接线必须正确无误，特别要注意电源的正负极切忌反接。

2. 运放的输出端绝不允许对地短路，所以输出端千万不要引出一端悬空的测试线，以防短路而损坏运放。

3. 集成运放用于交流信号放大时，可能产生自激振荡现象，使运放无法正常工作，所以需在相应的运放引脚端接上相位补偿网络进行消振。

4. 运放用于直流比例运算时，须加入调零装置或者测试记录输入信号全为"0"时，输出端的失调电压 U_o'，然后进行修正，以提高测量验证精度。其中由集成运放 μA741 的调零装置接入电路的方法如图 11.6.9 所示。

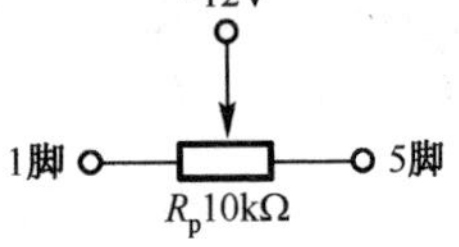

5. 验证加减运算电路的实验时，U_o 必须小于电源电压值。

图 11.6.9　μA741 的调零装置接入方法

七、预习要求

1. 预习、理解实验原理。
2. 完成电路参数设计，画出完整正确的实验电路。
3. 领会和明确实验内容，完成预习报告的写作。

八、思考题

1. 理想运放具有哪些最主要的特点？
2. 集成运放用于直流信号放大时，为何要进行调零？
3. 集成运放用于交流信号放大时需要进行调零吗，为什么？

11.7　电平检测器的设计与调测

一、实验目的

1. 了解具有滞回特性的电平检测器的电路组成及工作原理。
2. 掌握电平检测器控制电压精度的调测方法。

二、实验仪器

1．直流电压源　2．万用表　3．函数信号发生器　4．示波器

三、实验原理

滞回电平检测器是一种具有实用意义的电路，一般用于对模拟信号电压进行幅度检测、鉴别。按其电路结构和传输特性的不同，可分为滞回特性反相电平检测器和滞回特性同相电平检测器两类，下面分别进行讨论。

1. 滞回特性反相电平检测器

滞回特性反相电平检测器的原理电路和电压传输特性如图 11.7.1 所示，根据原理电路和叠加定理不难得出：

① 上门限 $U_{HT} = U_R \dfrac{n}{n+1} + \dfrac{U_{OM}}{n+1}$，下门限 $U_{LT} = U_R \dfrac{n}{n+1} - \dfrac{U_{OM}}{n+1}$。

② 回差电压 $U_H = U_{HT} - U_{LT} = \dfrac{2U_{OM}}{n+1}$，

中心电压 $U_{CTR} = \dfrac{U_{HT} + U_{LT}}{2} = U_R \dfrac{n}{n+1}$。

由此可见，这一电路的特点是：反馈电阻比 n 及参考电压 U_R 决定 U_{HT}、U_{LT}、U_H 及 U_{CTR}；中心电压 U_{CTR} 及回差电压 U_H 不能独立调节，只要 n 改变，两者同时变化，这给电路调试带来了不便。

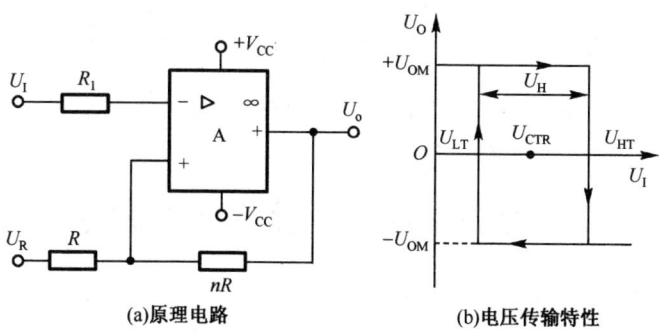

图 11.7.1 滞回特性反相电平检测器

2. 滞回特性同相电平检测器

滞回特性同相电平检测器的原理电路和电压传输特性分别如图 11.7.2(a)、(b)所示，根据原理电路同理可得：

① 上门限 $U_{HT}=\dfrac{U_{OM}}{n}-\dfrac{U_R}{m}$，下门限 $U_{LT}=-\dfrac{U_{OM}}{n}-\dfrac{U_R}{m}$。

② 回差电压 $U_H = U_{HT} - U_{LT} = \dfrac{2U_{OM}}{n}$，

中心电压 $U_{CTR}=\dfrac{U_{HT}+U_{LT}}{2}=-\dfrac{U_R}{m}$。

由此可见，这一电路的特点是：中心电压 U_{CTR} 取决于 U_R 及 m；回差电压 U_H 取决于 U_{OM} 和 n，两者可以分别独立调节。

如图 11.7.3 所示，电路由滞回特性同相电平检测器以及指示电路等组成。指示电路由发光二极管 VL_1 和 VL_2 以及限流电阻 R_3、R_4 等组成。由运放和电阻 R、R_1、R_2 及电位器 R_{p1}、R_{p2} 组成的同相电平检测器是整个实验电路的核心。

四、实验内容及步骤

1. 设计如图 11.7.3 所示的同相输入迟滞电压比较器实验电路，要求：当直流电源调节到 13.5V 时，绿灯点亮，当其电压下降至 10.5V 时，红灯点亮。由实验电路可知：$U_R = -15V$，通常，U_{OM} 比电源电压 V_{CC} 小 1～2V，取 14V，可算出 m 与 n 的值。

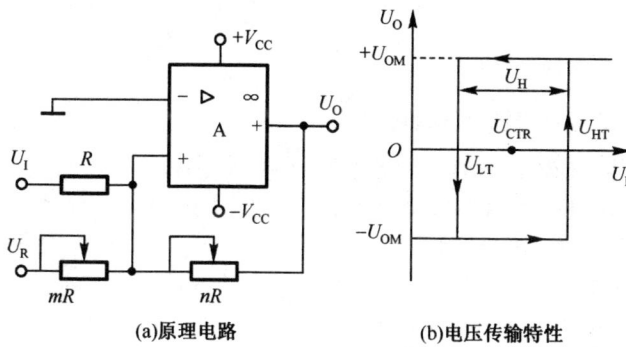

图 11.7.2 滞回特性同相电平检测器

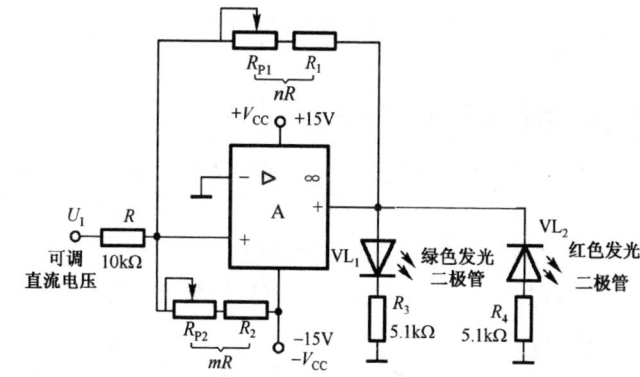

图 11.7.3 同相输入迟滞电压比较器实验电路图

2. 根据所设计的实验电路进行正确组装和连接，注意电源的极性和电压值。

3. 根据设计要求反复耐心地调节电路中的两个电位器 R_{p1} 和 R_{p2} 以及可调直流稳压电源，以达到设计要求的1%误差之内，然后记录实验结果，即红灯开始点亮时的电压 $U_{LT}=$ _____V，绿灯开始点亮时的电压 $U_{HT}=$ _____V。

4. 按照 $U_{LT}=4V$，$U_{HT}=6V$ 的要求重新设计 nR 和 mR 的阻值，并调节电位器 R_{p1} 和 R_{p2} 的阻值，使实验结果的误差不超过设计要求的5%，并记录 $U_{LT}=$ _____V 和 $U_{HT}=$ _____V。

5. 断开可调的直流电压源，接入大小合适（10V～20V）的三角波输入电压，测量并画出其输入和输出电压波形。

五、实验预习要求

1. 熟悉具有滞回特性的电平检测器电路结构、工作原理及电压传输特性。

2. 按要求完成实验电路的设计，选择元件参数及调测步骤。

3. 按照 $U_{LT}=4V$，$U_{HT}=6V$ 的设计要求重新设计电路参数，完成预习报告的写作。

六、实验注意事项

1. 电阻 nR 和 mR 的取值尽可能精确，否则，所测的实验结果误差较大。

2. 电路中2个电源的地线必须等电位。

3. 可调电阻 R_{p1} 和 R_{p2} 的阻值调节固定后再接入电路。

七、思考题

1. 测量如图 11.7.3 所示电路中的电阻 nR 和 mR 大小时，是否可以连接好电路后在电路中测量？为什么？

2. 实验内容 5 中接入的三角波的幅值必须大于多少伏？太小了会产生什么问题？

3. 如果将本实验设计中要求的电压值 10.5V 改为 11.5V，13.5V 改为 12.5V，此时应如何改动电路参数？

11.8　二极管的判断及直流稳压电源电路

一、实验目的

1. 学会用指针式万用表简易判别二极管的电极和性能优劣的方法。
2. 了解单相整流、滤波和稳压电路的工作原理。
3. 学会直流稳压电源电路的设计与调测方法。
4. 掌握集成稳压器的特点，会合理选择和使用。

二、实验仪器及元器件

1. 数字万用表　2. 指针式万用表　3. 变压器
4. 二极管及全波整流电桥　5. 稳压芯片　6. 电阻和电容

三、实验原理

1. 二极管极性及其性能判别

晶体二极管是具有单向导电性的半导体两极器件。它由一个 PN 结加上相应的引线和管壳组成，用符号"——▷|——"表示，本符号中右边为正极，接 P 型半导体，左边为负极，接 N 型半导体。根据二极管制造时所用的材料不同，可分为硅管和锗管两种：硅管的正向压降一般为 0.6～0.7V，锗管的正向压降则一般为 0.2～0.3V。

用指针式万用表判别二极管的极性，其测量原理主要根据万用表的内部结构和 PN 结的单向导电性进行。如果二极管性能正常，电阻值小时，黑表笔所接的电极（引脚）为二极管的正极，另一电极（引脚）为负极。

选择合适的量程（如 $R×100Ω$ 或 $R×1kΩ$）判别二极管的极性，红表笔接二极管的负极，黑表笔接二极管的正极，此时所测的是二极管正向电阻，阻值较小；红、黑表笔反接后（且将量程改为 $R×10kΩ$ 挡）所测的是二极管反向电阻，阻值很大，性能优；如果所测的正反向电阻阻值均为无穷大，则表明该二极管内部断路；如果所测的正反向电阻阻值均为零或很小，则表明该二极管内部短路；如果所测的正反向电阻阻值接近，则表明性能严重恶化。

2. 直流稳压电源的组成

在电子电路及设备中，一般都需要稳定的直流电源供电，而交流电便于输送和分配，所以许多场合和设备中需要的直流电，都通过直流稳压电源将交流电变成稳定的直流电。

直流稳压电源一般由 4 个部分组成，如图 11.8.1 所示。

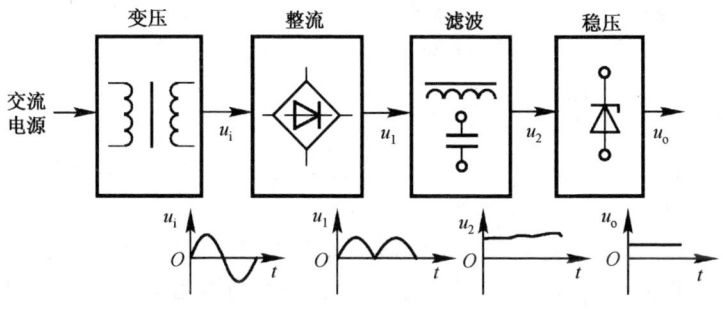

图 11.8.1 直流稳压电源

电源变压器将电网电压（220V 或 380V，50Hz）变换为整流电路所需要的交流电压。整流电路将变压器的次级交流电转换为单向脉动的直流电。滤波电路将整流后的纹波滤除，将脉动的直流电变换为平滑的直流电。经整流滤波后的直流电仍不稳定，随电网电压的波动或负载的变化而变化，所以必须加稳压电路来克服这种变化，以便得到一个纹波小、不随电网电压和负载变化的稳定的直流电源。

本次实验采用桥式整流、电容滤波的形式，电路的输出电压为 $U_{I(AV)}=(0.9\sim\sqrt{2})U_2$，其系数大小主要由负载电流大小来决定。负载电阻很小时，$U_{I(AV)}=0.9U_2$；负载电阻开路时，$U_{I(AV)}=\sqrt{2}U_2$，工程上常取 $U_{I(AV)}=1.2U_2$。滤波电容满足 $C\geqslant(3\sim5)T/2R_L$（$T=0.02s$）时，才有较好的滤波效果。

稳压电路采用集成稳压器进行稳压。

3. 三端集成稳压器

集成稳压器的种类很多，目前使用的大多是三端式集成稳压器。常用的有以下 4 个系列：固定正电压输出的集成稳压器 78×× 系列、固定负电压输出的集成稳压器 79×× 系列、可调的正电压输出的集成稳压器 117/217/317 系列、可调的负电压输出的集成稳压器 137/237/337 系列。TO-220 封装的集成稳压器引脚位置和功能如图 11.8.2 所示。

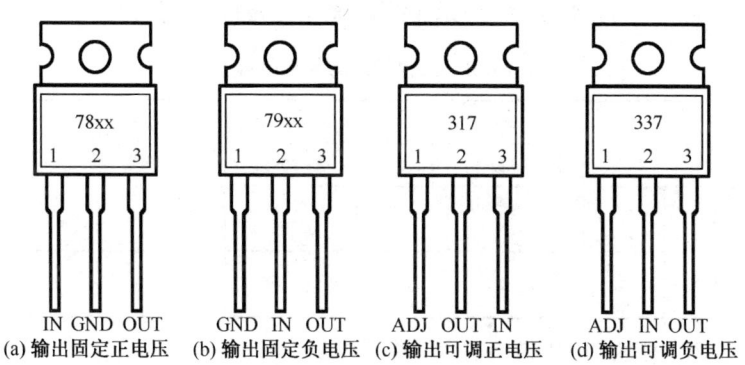

图 11.8.2 TO-220 封装的集成稳压器引脚位置和功能图

几种典型的集成稳压器的主要技术指标如表 11.8.1 所示。

表 11.8.1 典型集成稳压器的主要技术指标

参数名称（单位）	CW7805	CW7812	CW7912	CW317
输入电压（V）	+10	+19	−19	≤40
输出电压范围（V）	+4.75～+5.25	+11.4～+12.6	−11.4～−12.6	+1.2～+37
最小输入电压（V）	+7	+14	−14	$+3 \leq U_i - U_o \leq +40$
电压调整率（mV）	+3	+3	+3	0.02%/V
最大输出电流（A）	加散热片可达 1A			1.5

四、实验内容及步骤

1. 二极管的极性和性能的判断

用指针式万用表的欧姆挡 $R \times 100\Omega$、$R \times 1k\Omega$ 分别测量硅和锗两种材料的二极管的正向电阻值，$R \times 10k\Omega$ 测量其反向电阻值，分别记录测量结果于表 11.8.2 中。性能判别分好（优）、一般、差（坏）3 种。并在对应的符号极性实物示意图栏目中画出二极管对应的极性符号图。

表 11.8.2 二极管的极性和性能测试

所测二极管型号	正向电阻值		反向电阻值	对应的符号极性	性能
	$R \times 100\Omega$	$R \times 1k\Omega$	$R \times 10k\Omega$		
硅管					
锗管					

2. 固定正电压输出的直流稳压电源实验电路

（1）正确设计和组装由 CW7812 组成的直流稳压电源电路，如图 11.8.3 所示。

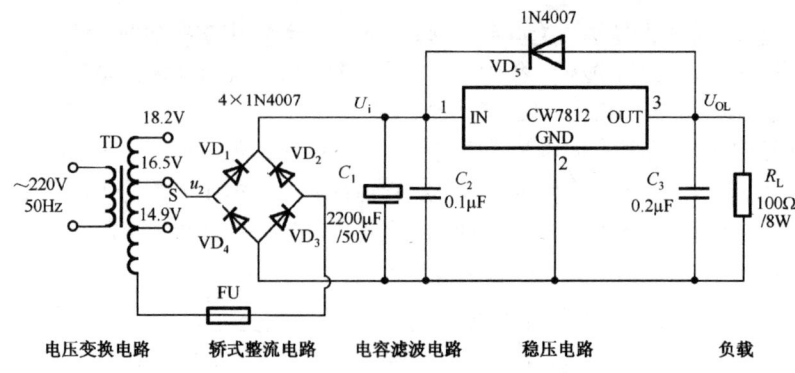

图 11.8.3 由 CW7812 组成的直流稳压电源电路

该电路 C_1 为低频滤波电容，其容值较大，通常取几百到几千 μF，且应采用不低于 $2U_2$ 耐压的电容；C_2、C_3 为高频滤波电容，其容值较小，通常取零点几 μF 即可。该电路中的 R_L 为负载电阻，必须使用大功率的电阻（8W），阻值可取 100Ω 左右。按此选取的一组参数如图 11.8.3 所示，供参考。

（2）调节变压器 TD 的位置，使 U_2 为所设计的值，即满足 $U_{I(AV)} = 1.2U_2 = 19V$（CW7812 典型输入电压为 19V，参见表 11.8.1），测量如表 11.8.3 所示的参数。

（3）分别测量集成稳压器输出端空载和带载时的电压值 U_o 和 U_{oL}，以及流过负载电阻的电流 I_{oL}，计算输出电阻 R_o 的阻值 $R_o = \dfrac{\Delta U_o}{\Delta I_o} = \dfrac{U_o - U_{oL}}{I_{oL}}$。

（4）电压调整率 S_i 的计算：$S_i = \dfrac{U_o - U_{oL}}{U_o}\bigg|_{\substack{\Delta U_i = 0 \\ \Delta T = 0}} \times 100\%$。

（5）根据以上的测量结果，计算输入纹波系数 γ_i、输出纹波系数 γ_o 及纹波抑制比 S_{nip}

$$\gamma_i = \frac{U_{i\sim}}{U_i}, \qquad \gamma_o = \frac{U_{oL\sim}}{U_{oL}}, \qquad S_{nip} = 20\lg\frac{U_{i\sim}}{U_{oL\sim}}$$

（6）调节变压器，使 U_2 增加 10%，模拟电网电压为 220V+22V 的情形，测量此时集成稳压器对应的输出电压 U'_{oL} 和输入电压 U'_i；调节变压器，使 U_2 减小 10%，模拟电网电压为 220V–22V 的情形，测量此时集成稳压器对应的输出电压 U''_{oL} 和输入电压 U''_i，计算稳压系数 $S_U = \dfrac{(U'_{oL} - U''_{oL})/U_{oL}}{(U'_i - U''_i)/U_i}\bigg|_{\substack{\Delta I_o = 0 \\ \Delta T = 0}} \times 100\%$。将测量结果和计算结果填入表 11.8.4。

表 11.8.3 直流电源电路参数测试

电路名称	测量值						计算值				
	交流电压(V)	直流			纹波电压(mV)		输出电阻	电压调整率	输入纹波系数	输出纹波系数	纹波抑制比
		电压(V)		电流(mA)							
	U_2	U_i	U_o	U_{oL}	I_{oL}	$U_{i\sim}$	$U_{oL\sim}$	R_o	S_i	γ_i	γ_o	S_{nip}
7812												

3．正电压输出可调的直流稳压电源实验电路

（1）正确设计和组装由 CW317 组成的直流稳压电源电路，如图 11.8.4 所示。

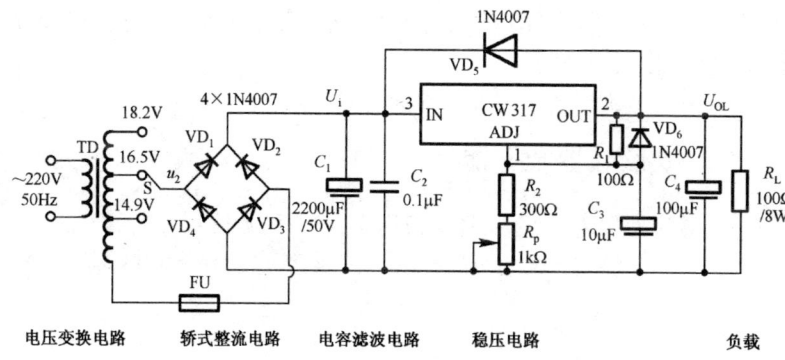

图 11.8.4 由 CW317 组成的直流稳压电源电路

（2）此电路中滤波电容 C_1、C_2 和负载电阻 R_L 的要求同 7812 电路，C_3、C_4 采用 10～100μF 电容即可，R_1、R_2 可采用 100～300Ω 电阻，R_p 可采用 1kΩ 左右电位器。按此选取的一组参数如图 11.8.4 所示，供参考。

（3）调节电位器 R_p，用万用表测量直流稳压电源输出电压最大值 U_{oLmax} _____ 和最小值 U_{oLmin} _____ 。

表 11.8.4 稳压性能测试

参数	测量值						计算值
	交流电压（V）		直流电压（V）				稳压系数
	U'_2	U''_2	U'_i	U''_i	U'_{oL}	U''_{oL}	S_U
7812							

五、实验预习要求

1. 预习二极管的特性及其工作原理。
2. 预习直流稳压电源电路的组成及工作原理。
3. 完成实验电路参数设计,画出正确、完整的实验电路。
4. 理解、领会和明确实验内容,写出待测试参数的代号和公式等。

六、实验注意事项

1. 不能用指针式万用表的小量程挡如 $R×1Ω$ 和 $R×10Ω$ 以及最大量程 $R×10kΩ$ 测量工作极限电流小的二极管(尤其是锗管)的正向电阻值。
2. 用指针式万用表判断二极管的性能和极性时,在选好量程后,应进行调零和简单必要的校对,方可进行测试,不致造成误测误判。
3. 直流稳压电源电路实验输入电压为 220V 的单相交流强电,实验时必须时刻注意人身和设备安全,千万不可大意,必须严格遵守安全守则:接线、拆线时不带电,测量、调试和进行故障排除时人体绝不能触碰带强电的导体。
4. 接线时必须十分认真、仔细,反复检查、确认组装和连接正确无误后才能通电测试。
5. 变压器的输出端、整流电路和稳压器的输出端都绝不允许短路,以免烧坏元器件。
6. 千万不可用万用表的电流挡和欧姆挡测量电压,当某项内容测试完毕后,都必须将万用表置于交流电压最大量程。
7. 实验完成之后,必须在关掉电源之后才能拆除接线。
8. 电解电容有正负极性之分,不可接错,否则将烧坏电容。
9. 负载电阻 R_L 必须用大功率电阻(8W),绝不能用小功率电阻,否则将烧坏负载电阻。

七、思考题

1. 为什么不能用指针式万用表的 $R×1Ω$ 挡和 $R×10Ω$ 挡量程测量工作极限电流小的二极管的正向电阻值?
2. 用指针式万用表的不同量程测量同一只二极管的正向电阻值,其结果不同,为什么?
3. 桥式整流电容滤波电路的输出电压 $U_{I(AV)}$ 是否随负载的变化而变化?为什么?
4. 在测量 $\Delta U_{oL\sim}$ 时,是否可以用指针式万用表进行测量?为什么?
5. 图 11.8.3 所示电路中的 C_2 和 C_3 起什么作用?如果不用 C_2 和 C_3 将可能出现什么现象?

11.9 三极管的判断及共发射极放大电路

一、实验目的

1. 学会用指针式万用表简易判别三极管的极性和类型的方法。
2. 掌握放大器静态工作点的调试方法,了解电路中各元器件参数值对静态工作点的影响。
3. 掌握放大器的主要性能指标的调测方法。

二、实验仪器及元器件

1. 数字万用表 2. 指针式万用表 3. 函数信号发生器
4. 双踪示波器 5. 毫伏表 6. 三极管 7. 电阻和电容

三、实验原理

1. 三极管的极性及类型判别

用指针式万用表判别三极管的极性,其测量原理主要根据万用表的内部结构和 PN 结的单向导电性进行。NPN 型和 PNP 型三极管的等效结构分别如图 11.9.1 所示。

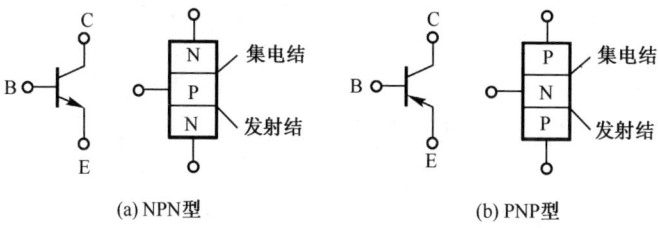

图 11.9.1　晶体三极管的结构

根据三极管的结构,可用万用表判别三极管的类型(NPN 型或 PNP 型)和 3 个电极等。其判别原理和方法如下。

(1)"两大两小"判断类型,找到基极 B

将万用表的功能选为"Ω",量程拨到 $R×100Ω$ 挡或 $R×1kΩ$ 挡。把黑表笔接到某一假设为基极的引脚上,红表笔分别接到其余两只引脚上,两次测得的电阻值都很大(或者都较小);把红表笔接到假设的基极引脚,黑表笔分别接到其余两只引脚,两次所测得电阻值都较小(或者都很大),则可确定所假设的基极是正确的,即简称为两大两小或者两小两大。如果两次测得的电阻值为一大一小,则可确定假设是错了。这时就需要重新假设一个引脚为基极,再重复上述测试直到正确找到基极。基极确定的同时也可判定三极管的类型:如果是黑表笔接基极,红表笔分别接其他两极时所测的电阻值都较小,则说明该晶体三极管为 NPN 型,反之则为 PNP 型。

(2)构建放大状态,确定集电极 C 和发射极 E

此项判别须在完成前项判别确定三极管类型和基极的基础上进行。现以 NPN 型三极管为例进行判别。判别测试的 4 种等效电路图分别如图 11.9.2 所示。

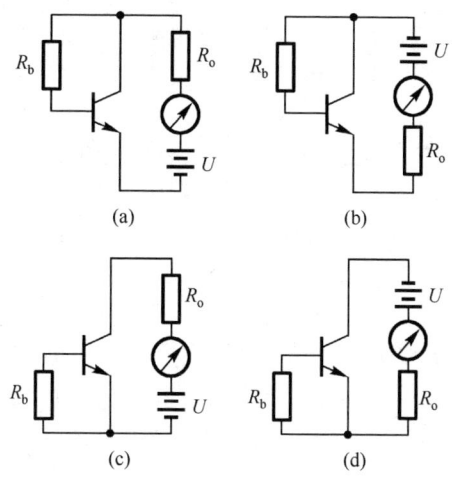

图 11.9.2　测试的 4 种等效电路

由等效电路图和三极管的工作原理可知,在正常情况下,按图 11.9.2(a)连接时,构成了三极管的共射放大状态,故此时流过表的电流最大,即电阻值最小。具体判别方法是:先把万用表拨到 $R×1kΩ$ 挡,再把黑表笔接到假定的 C 极,红表笔接到假定的 E 极,并用两只手分别捏住 B、C 二电极(但绝不能使 B、C 直接接触)。通过人体,相当于 B、C 之间接入偏置电阻 R_b,读出并记下所测的电阻值。然后将红黑表笔对换位置重测重读。在总共 4 次测量读数中电阻值最小的一次,黑表笔所接的引脚为集电极 C,红表笔所接的引脚为发射极 E。若 4 次测量的电阻值差别不大,则说明该三极管性能严重恶化或损坏。有条件时,可用 $100kΩ$ 左右的电阻作为 R_b 接入三极管判断等效电路中进行测量判别,则更为稳定可靠。

2. 共发射极放大电路

单级放大器是构成多级放大器和复杂电路的基本单元。要使放大器正常工作,必须设置合适的静态工作点。静态工作点 Q 的设置,一要满足放大倍数、输入电阻、输出电阻、非线性失真等各项指标的要求；二要满足当外界环境等条件发生变化时，静态工作点要保持稳定。

为了稳定静态工作点，经常采用具有直流电流负反馈的分压式偏置单管放大电路，如图11.9.3所示。电路中上偏置电阻R_{b1}由R'_{b1}和R_p串联组成，R_p是为调节三极管静态工作点而设置的；R_{b2}为下偏置电阻；R_c为集电极电阻；R_e为发射极电流负反馈电阻，起到稳定直流工作点的作用；C_1和C_2为交流耦合电容，C_e为发射极旁路电容，为交流信号提供通路；R_S为测试电阻，以便测量输入电阻；R_L为负载电阻。外加输入的交流信号u_S经C_1耦合到三极管基极，经过放大器放大后从三极管的集电极输出，再经C_2耦合到负载电阻R_L上。

（1）静态工作点的估算与调整

分压偏置式放大电路具有稳定Q点的作用，在实际电路中应用广泛。实际应用中，为保证Q点的稳定，对于硅材料的三极管而言，估算时一般选取静态时R_{b2}流过的电流$I_2=(5\sim10)I_{BQ}$，$V_{BQ}=(5\sim10)U_{BEQ}$。

该电路中$+V_{CC}$可以采用+12V直流电源，R_{b1}'、R_{b2}可采用10~30kΩ电阻，R_p可采用300~500kΩ电位器，R_c、R_e、R_s、R_L可采用1~5kΩ电阻，耦合电容C_1、C_2和旁路电容C_e可采用10~30μF电解电容，按此选取的一组参数如图11.9.3所示，供参考。

由分压偏置式电路的直流通路可得：

$$V_{BQ} \approx \frac{R_{b2}}{R_{b1}+R_{b2}}V_{CC}, \quad I_{CQ} \approx I_{EQ} = \frac{V_{BQ}-U_{BEQ}}{R_e}$$

$$I_{BQ} = \frac{I_{CQ}}{\beta}, \quad U_{CEQ} = V_{CC} - I_{CQ}(R_c+R_e)$$

（2）放大电路的动态指标

根据理论分析和工程估算法，可得到如图11.9.3所示的单管放大电路正常工作时的主要动态性能指标如下：

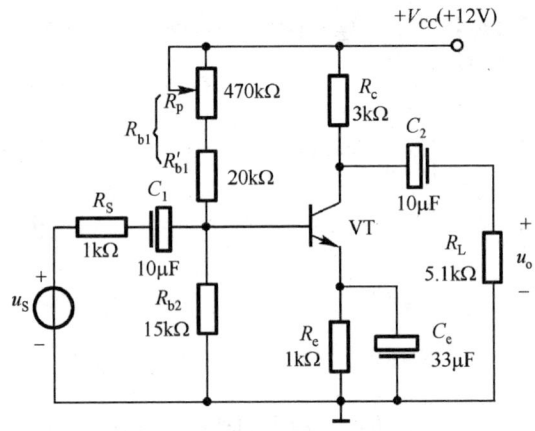

图11.9.3 单管放大电路

交流电压放大倍数 $\dot{A}_u = -\dfrac{\beta(R_L//R_c)}{r_{be}}$

输入电阻 $r_i = R_{b1} // R_{b2} // r_{be}$

输出电阻 $r_o \approx R_c$

式中，r_{be}为三极管输入电阻，其值为 $r_{be} = r_{bb'} + (1+\beta)\dfrac{U_T}{I_{EQ}}$，$r_{bb'}$为基区体电阻，可查手册，如无特殊说明则近似取值为300Ω，U_T称为热电压，常温下取值26mV。

需要注意，测量放大电路的动态指标必须在输出波形不失真的条件下进行。

（3）放大电路电压增益的幅频特性和通频带

放大电路电压增益是频率的函数，电压增益的大小与频率的函数关系即是幅频特性。实验中，常用逐点法或扫描法来测量电压增益的幅频特性曲线。

四、实验内容及步骤

1．三极管类型和电极的判断

选用一只常用的塑封小功率三极管，如 9011 型三极管等，用指针式万用表的欧姆挡判别其类型（是 NPN 型，还是 PNP 型）和 3 只引脚对应的电极位置，然后分别用 E（发射极）、B（基极）、C（集电极）标注在如图 11.9.4 所示对应的引脚中。

图 11.9.4　三极管引脚位置标注示意图

2．正确设计和组装共发射极放大电路

（1）根据实验电路原理图 11.9.3 和所设计选定的参数，正确搭建实验电路。

（2）组装之前须测量和调节电源电压，使其为所需要的值。注意，电源的极性和信号源的接地线都不能接错，不能带电接线。

（3）将函数信号发生器的输出波形选择为正弦波，调节信号的频率为 1kHz 左右，幅值 15～20mV，并按照图 11.9.3 中 u_S 的极性要求接入放大器的输入端。

（4）将示波器的各开关、旋钮选择在相应合适的挡位，并将其测试连接线接到放大器的输出端，完成实验电路搭建。

3．静态工作点的调节与测量

（1）静态工作点的调节

反复调节电位器 R_p 和函数信号发生器的输出幅度细调旋钮，使三极管工作在放大区，并且有合适的工作点。此时示波器显示的放大器输出正弦波形不失真，且有很大的电压放大倍数（一般 $|\dot{A}_u|$ 为几十倍到 200 倍之间），表示放大器的直流工作点调试完成。

（2）静态工作点的测量

完成直流工作点的调节之后，断开输入信号，再用万用表测量此时放大器的静态工作点，并记录于表 11.9.1 中。其中，I_{EQ} 和 I_{CQ} 一般用所测的相应电压和已知的电阻值通过计算确定，即间接测量方法得到。为了理论分析计算，此时应测出电位器 R_p 的阻值为_____Ω。

表 11.9.1　放大器静态工作点测量记录表

测量值（V）				计算值（mA）	
U_{CEQ}	U_{BEQ}	V_{EQ}	V_{CQ}	$I_{EQ} = V_{EQ}/R_e$	$I_{CQ} = (V_{CC} - V_{CQ})/R_c$

注意：一般硅管的 U_{BEQ} 约为 0.7V 左右，$I_{EQ} \approx I_{CQ}$，否则为电路有误或者测量错误。

4．放大器动态性能指标的测量

（1）电压增益 A_u 的测量

接通放大器的输入信号，即保持原来调好的输入正弦波信号的频率和幅值，用示波器观察放大器输出端有放大且不失真的正弦波后，用万用表或毫伏表分别测出其输出电压 U_{oL} 和输入电压 U_i 的有效值（记录于表 11.9.2 中），即可得到电压增益

$$\dot{A}_u = -\frac{U_{oL}}{U_i}$$

（2）输入电阻 r_i 的测量

r_i 为放大器输入端看进去的交流等效电阻，它等于放大器输入端信号电压 U_i 与输入电流 I_i 之比，即 $r_i = \dfrac{U_i}{I_i}$。本实验采用换算法测量输入电阻。测量电路如图 11.9.5 所示。在信号源与放大器之间串入一个已知电阻 R_S，只要分别测出 U_S 和 U_i（记录于表 11.9.2 中），即可得知输入电阻为

$$r_i = \frac{U_i}{I_i} = \frac{U_i}{(U_S - U_i)/R_S} = \frac{U_i R_S}{U_S - U_i}$$

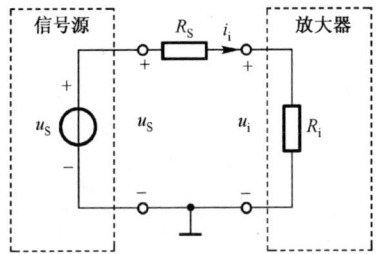

图 11.9.5 测量输入电阻 r_i 的电路

（3）输出电阻 r_o 的测量

r_o 是指放大器输出等效电路中将信号源视为短路，从输出端向放大器看进去的交流等效电阻。它的大小能够说明放大器承受负载的能力，其值越小，带负载能力越强。用换算法测量 r_o 的电路如图 11.9.6 所示，即

$$r_o = \left(\frac{U_o}{U_{oL}} - 1\right) R_L$$

以理论值为真值计算相对误差（为了减小理论计算误差，可用万用表测量 R_p 的实际值，从而得到 $R_{b1} = R'_{b1} + R_p$）。

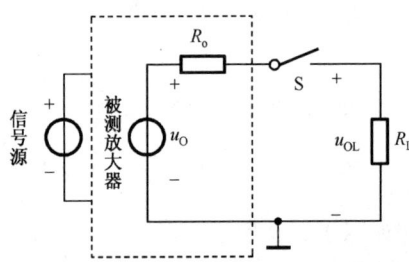

图 11.9.6 测量输出电阻 r_o 的电路

*（4）幅频特性及通频带 f_{BW} 的测量

放大器的通频带 f_{BW} 是指放大器的增益下降到中频增益 $\dot{A}_u$ 的 0.707 倍时，所对应的上限频率 f_H 和下限频率 f_L 之差，即

$$f_{BW} = f_H - f_L$$

表 11.9.2 放大器动态参数测量与计算记录表

测量值		U_S(mV)	U_i(mV)	U_{oL}(V)	U_o(V)
测量计算值		$A_u = \frac{U_{oL}}{U_i}$	$r_i = \frac{U_i R_S}{U_S - U_i}$ (kΩ)	$r_o = \left(\frac{U_o}{U_{oL}} - 1\right) R_L$ (kΩ)	
理论计算值		$A_u = -\frac{\beta(R_L // R_c)}{r_{be}}$	$r_i = R_{b1}//R_{b2}//r_{be}$ (kΩ)	$r_o \approx R_c$ (kΩ)	
相对误差					

通频带的测量方法是：将放大器输入中频信号，如 $f = 1kHz$，在其输出端有正常的放大波形时，测出其电压值为 U_o，然后维持 U_i 不变，增加信号源的频率直到输出电压下降到 $0.707U_o$ 为止，此频率就是上限频率 f_H。同理保持 U_i 不变，降低信号源的频率直到输出电压下降到 $0.707U_o$ 为止，此频率就是下限频率 f_L，须多次反复调节信号源的频率和输出电压幅度才能完成测量。

记录上限频率 f_H=_____kHz，下限频率 f_L=_____kHz，计算 f_{BW}=_____kHz。

（5）3 种失真波形的调节与观察

① 既饱和又截止失真波形

大大增加信号源的输出电压幅度（必要时再略调 R_p），使放大器输出端同时出现正负向失真，将示波器观察到的失真波形画出。

② 饱和失真波形

降低 R_p 的值，使 U_{CEQ} 的值很小，即放大器工作在饱和区，测画出示波器此时显示出的输出波形即为放大器的饱和失真波形（一般是指输出为负半周的波形被削平）。

③ 截止失真波形

增大 R_p 的值，使放大器工作在截止区，即 U_{CEQ} 很大，测画出示波器观察到的截止失真波形（一般是指输出为正半周的波形被削平）。将 3 种失真波形画在表 11.9.3 中。

表 11.9.3 失真波形的调节与观察

失真类型	截止失真	饱和失真	既饱和又截止失真
波形			

五、实验预习要求

1．预习三极管的特性及其工作原理。
2．预习共发射极放大电路的实验原理和测量方法。
3．完成电路的参数设计，画出完整正确的实验电路图。
4．明确实验内容，写出实验步骤。

六、实验注意事项

1．用指针式万用表判断三极管的性能和极性时，在选好量程后，应进行调零和简单必要的校对，方可进行测试，不致造成误测误判。

2．偏置电阻 R_{b1} 和 R_{b2} 的值不能取得太小，过小的偏置电阻会使静态功耗增大，且引起信号源的分流过大，使放大电路输入电阻变小。

3．一般来说，C_1、C_2 和 C_e 越大，低频特性越好，但电容过大体积也大，既不经济又会增加分布电容，影响高频特性，且电容大的电解电容漏电电流也大。电容的选择一般能满足放大电路的下限频率即可。

4．为了静态工作点调节的方便，应该选择较大阻值的电位器 R_p。

5．放大电路输入电压的幅值不能太大，一般几至几十毫伏，否则输出信号会严重失真。

七、思考题

1．能否用数字万用表测量图 11.9.3 所示放大电路的电压增益及幅频特性，为什么？

2．如图 11.9.3 所示的电路中，一般是改变上偏置电阻 R_{b1} 来调节静态工作点，为什么？改变偏置电阻 R_{b2} 来调节静态工作点可以吗？调节 R_c 呢？为什么？

3．R_c 和 R_L 的变化对放大器的电压增益有何影响？

4．C_e 若严重漏电或者容量失效而开路，分别会对放大器产生什么影响？

11.10 负反馈放大电路

一、实验目的

1．了解负反馈放大电路的工作原理。
2．加深理解放大电路中引入负反馈的方法和负反馈对放大器各项性能指标的影响。

3. 掌握负反馈放大器性能指标的测试方法。

二、实验仪器及元器件

1. 数字万用表　2. 函数信号发生器　3. 示波器　4. 毫伏表
5. 三极管　集成运　电阻和电容

三、实验原理

负反馈在电子电路中有着非常广泛的应用。虽然它使放大器的放大倍数降低，但能在多方面改善放大器的动态性能和指标，如稳定放大倍数、改变输入/输出电阻、减小非线性失真和展宽通频带等，因此，几乎所有的放大器都带有负反馈。

负反馈放大器有4种组态或形式，即电压串联、电压并联、电流串联和电流并联负反馈。电压负反馈能起到稳定输出电压，降低放大器输出电阻的作用；电流负反馈能起到稳定输出电流，提高放大器的输出电阻的作用；串联负反馈能提高放大器的输入电阻；并联负反馈能降低放大器的输入电阻。本实验以电压串联和并联负反馈为例，研究分析负反馈对放大器各项性能指标的影响。

1. 电压串联负反馈放大器

由分立元件组成的电压串联负反馈放大电路如图11.10.1所示。该电路由两级单管放大器和反馈阻容器件 R_f 和 C_f 组成。在电路中通过把放大器的输出电压 U_o 引回到输入端，加在晶体管 VT_1 的发射极上，在发射极电阻（R_e+R_{e1}）上形成反馈电压 U_F。

图11.10.1所示电压串联负反馈放大器的主要性能指标如下。

（1）闭环电压放大倍数

$$A_{uF} = \frac{A_u}{1+A_uF_u}$$

式中，$A_u=U_o/U_i$ 为两级放大器（无反馈时）的电压放大倍数，即开环增益；$(1+A_uF_u)$ 为反馈深度，它的大小决定了负反馈对放大器性能改善的程度。

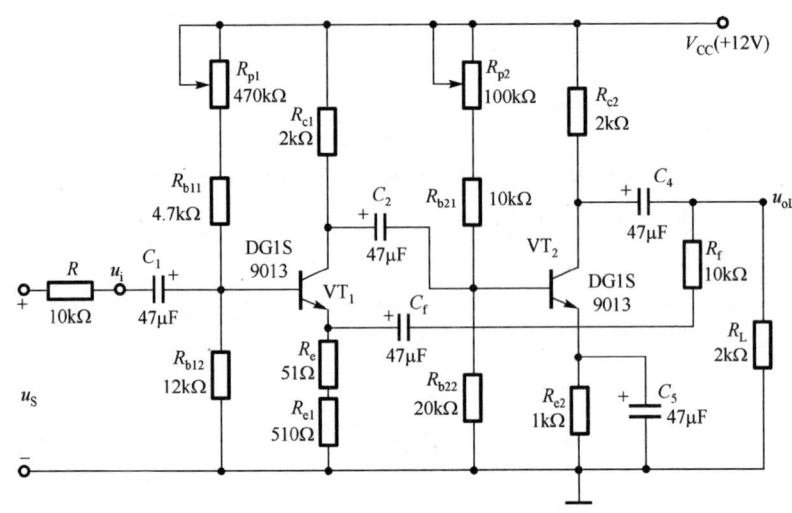

图 11.10.1　电压串联负反馈放大电路

（2）反馈系数

$$F_u = \frac{R_{e1}+R_e}{R_{e1}+R_e+R_f}$$

（3）输入电阻

$$r_{if} = (1+A_uF_u)r_i$$

式中，r_i 为无反馈时两级放大器的输入电阻（不包括偏置电阻）。

（4）输出电阻

$$r_{of} = \frac{r_o}{1+A_{uo}F_u}$$

式中，r_o 为两级放大器的输出电阻；A_{uo} 为两级放大器的负载电阻 R_L 开路时的电压增益。

2. 电压并联负反馈放大电路

两级单管放大器组成的电压串联负反馈放大器电路较复杂，所用器件和连线多。下面介绍一种由集成运算放大器组成的电压并联负反馈放大器，其电路形式如图 11.10.2 所示。

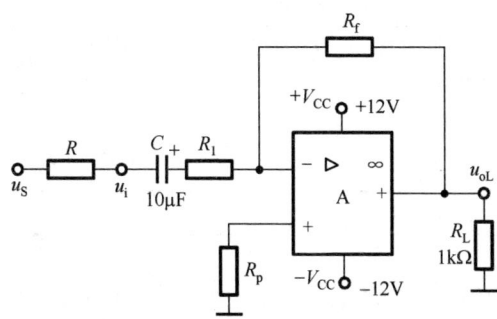

图 11.10.2　电压并联负反馈放大电路

该电路主要由集成运放、反馈电阻 R_f、比例电阻 R_1、平衡电阻 R_p 及耦合电容 C 组成。根据运放的"虚断"和"虚短"概念可得该电路的闭环电压增益：$A_{uF} = U_{oL} / U_i = -R_f / R_1$。该式说明加了负反馈之后的电压增益与其他参数无关，只与 R_f 与 R_1 的比值有关，大大提高了电压增益的稳定性。电路中的反馈信号从放大器的输出端通过反馈电阻 R_f 引入到运放的反相输入端，构成电压并联负反馈，因此具有稳定输出电压，降低输出电阻和输入电阻的功能。

四、电路参数设计

设计一个由集成运放组成的电压并联负反馈放大器的实验电路。已知条件：$A_{uF} = -10$ 倍，运放的工作电源为±12V，并设运放的差模输入电阻 $r_{id} = 2 \times 10^7 \Omega$，运放的输出电阻 $r_o = 100\Omega$。设计、计算和确定其电路参数及运放型号，在电路中标注其脚号，并画出完整、正确的实验电路图。其设计过程如下。

1. 电路形式及运放型号的确定

根据设计要求可选用如图 11.10.2 所示的电路形式。运放可选用通用型运放 μA741 或双运放 LM358 等。

2. 反馈电阻 R_f 的设计与确定

最佳反馈电阻
$$R_f = \sqrt{\frac{r_{id} r_o (1 - A_{uF})}{2}}$$

根据实验箱（台）中现有的电阻，取 $R_f=$＿＿＿＿。

3. 比例电阻 R_1 的设计确定

$$R_1 = \frac{R_f}{-A_{uF}} \qquad 取 R_1=\text{＿＿＿＿}$$

4. 平衡电阻 R_p 的设计确定

$$R_P = R_1 // R_f$$

为了减少电阻串、并联带来的接线增多，在实验中可取 R_f、R_1、R_P 为整数值，但必须满足 $R_f / R_1 = 10$ 倍的要求，R_P 可近似取值。

五、实验内容

1. 电压串联负反馈放大器

（1）正确连接组装如图 11.10.1 所示的实验电路。断开反馈网络支路 C_f 和 R_f。

（2）将 $f=1\text{kHz}$，U_i 约为 5mV 的正弦波信号输入放大器，调节电位器 R_{p1} 和 R_{p2}，使放大器输出放大且不失真的正弦波，再用交流电压表等分别测量 U_i、U_S、U_o（负载开路时）、U_{oL}（接有负载时）、f_H 和 f_L 的值，记录于表 11.10.1 中，并计算开环放大电路的性能指标。

（3）关掉电源，接入反馈网络支路 C_f 和 R_f。然后开启电源，输入与（2）中相同的正弦波信号，适当调节电路，使放大器输出放大且不失真的正弦波，用交流电压表等分别测量 U_{Sf}、U_{if}、U_{of}（负载开路时）、U_{oLf}（接有负载时）、f_{Hf} 和 f_{Lf} 的值，记录于表 11.10.1 中，并计算闭环放大电路的性能指标。

表 11.10.1 电压串联负反馈放大器实验数据记录表

	测 量 值						计 算 值				
	U_S/mV	U_i/mV	U_{oL}/V	U_o/V	f_H/kHz	f_L/kHz	$A_u=U_{oL}/U_i$	$A_{uo}=U_o/U_i$	$r_i=U_iR/(U_S-U_i)$	$r_o=(U_o/U_{oL}-1)R_L$	$f_{BW}=f_H-f_L$
开环放大电路											
	U_{Sf}/mV	U_{if}/mV	U_{oLf}/V	U_{of}/V	f_{Hf}/kHz	f_{Lf}/kHz	$A_{uf}=U_{oLf}/U_{if}$	$A_{uof}=U_{of}/U_{if}$	$r_{if}=U_{if}R/(U_{Sf}-U_{if})$	$r_{of}=(U_{of}/U_{oLf}-1)R_L$	$f_{BWf}=f_{Hf}-f_{Lf}$
闭环放大电路											

（4）改变负载电阻 R_L 值，测量负反馈放大器的输出电压以验证负反馈对输出电压的稳定作用，记录测量数据于表 11.10.2 中。

表 11.10.2 负载变化时实验数据记录表

	开环放大电路		闭环放大电路	
	2kΩ	5.1kΩ	2kΩ	5.1kΩ
R_L				
U_{oL}				

2. 电压并联负反馈放大器

（1）根据要求正确组装如图 11.10.2 所示的实验电路，调节函数信号发生器有关旋钮，使输入信号为有效值 U_i =100mV，频率 f =1kHz 的正弦波信号，使放大器能正常地按要求放大信号。

（2）用交流电压表等仪器分别测量 U_i、U_S、U_o、U_{oL}、f_H、f_L 的值，记录于表 11.10.3 中。

（3）将如图 11.10.2 所示电路中的电阻 R_f 改为 $3R_f$ 后接入电路中，其余参数不变，再用交流电压表等仪器分别测量 U_i、U_S、U_o、U_{oL}、f_H、f_L 的各项值，记录于表 11.10.3 中，并计算出电压增益、输入电阻、输出电阻以及通频带的值。

表 11.10.3 电压并联负反馈放大器实验数据记录表

	测 量 值						计 算 值			
	U_i/mV	U_S/mV	U_o/V	U_{oL}/V	f_H/kHz	f_L/kHz	$A_{uf}=-U_o/U_i$	$r_{if}=U_iR/(U_S-U_i)$	$r_{of}=(U_o/U_{oL}-1)R_L$	$f_{BW}=f_H-f_L$
$A_{uF}=-10$										
$A_{uF}=-30$										

3．观察负反馈对非线性失真的改善

（1）断开如图 11.10.1 所示电路中的反馈网络支路 C_f 和 R_f，在输入端加入 f =1kHz 的正弦波信号，输出端接示波器，逐渐增大输入信号的幅度，使输出波形刚出现失真（但失真不严重），记下此时的波形和输出电压的幅度。

（2）接入如图 11.10.1 所示电路中的反馈网络支路 C_f 和 R_f 构成电压串联负反馈放大器，增大输入信号幅度，使其输出电压幅度的大小与（1）中的相同，比较有负反馈时，输出波形的变化，并记录其波形。

（3）比较分析放大器在引入负反馈后对非线性失真的改善情况。

六、预习要求

1．预习实验原理，理解负反馈放大器的 4 种组态。

2．根据所给的条件，完成实验电路参数的设计，画出完整、正确的实验电路。

3．明确和理解必做的实验内容，画出须测量、记录的表格。

七、思考题

1．负反馈放大器有哪 4 种组成形式，各种组成形式的作用是什么？

2．如果把失真的信号加入到放大器的输入端，能否用负反馈的方式来改善放大器输出波形的失真？

3．若本实验的电压串联负反馈电路是深度负反馈，试估算其电压放大倍数。

11.11 波形产生电路

一、实验目的

1．了解集成运算放大器在信号产生方面的广泛应用。

2．掌握由集成运放构成的正弦波发生器、方波三角波发生器的电路组成以及工作原理。

3．掌握上述波形产生电路的设计和调试方法以及振荡频率和输出幅度的测量方法。

二、实验仪器

1．示波器　2．实验箱　3．集成运放　4．电阻和电容
5．二极管　6．稳压二极管

三、实验原理

在集成运放的输入和输出端之间施加正反馈或正负反馈结合构成各种信号产生电路，产生正弦波、方波、矩形波、三角波、锯齿波等。下面分别对部分波形产生电路的结构、组成和工作原理进行分析和讨论。

1．正弦波信号发生器

正弦波信号发生器的原理图如图 11.11.1 所示，称为文氏电桥正弦波产生电路。图中 R_1、C_1、R_2、C_2 串并联网络构成正反馈支路，R_3、R_4、R_p、R_5 等构成负反馈支路，反馈电阻 $R_f = R_4 + R_p + R_5 // R_D$，电位器 R_p 用于调节反馈深度以满足起振条件和改善波形，二极管 VD_1、VD_2 利用其自身正向导通电阻的非线性来自动地调节电路的闭环放大倍数以稳定波形的幅度。

根据图 11.11.1 所示的电路和自激振荡的基本条件，电路参数取值应满足 $A_{uf} = 1 + \dfrac{R_f}{R_3} \geqslant 3$，即 $R_f \geqslant 2R_3$ 时电路才能维持振荡输出。当电路中取 $R_1 = R_2 = R$，$C_1 = C_2 = C$ 时，电路振荡频率为 $f = \dfrac{1}{2\pi RC}$。

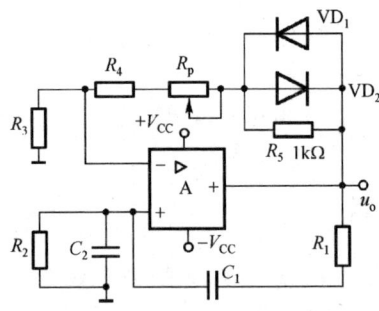

图 11.11.1　正弦波信号发生器原理图

2. 方波和三角波信号发生器

方波和三角波信号发生器的原理电路如图 11.11.2 所示。A_1 构成同相输入的迟滞比较器，A_2 构成反相积分电路。比较器中集成运放工作在非线性区，其输出端通常只有高电平和低电平两种状态，即 $u_+ > u_-$ 时，输出高电平，$u_+ < u_-$ 时，输出低电平。积分器中运放工作在线性区，由于 $u_+ = u_- \approx 0$，$i_+ = i_- \approx 0$，所以 $i_R = i_C$，则有：

$$u_o = -u_C = -\frac{1}{C}\int \frac{u_{o1}}{R+R_p}dt = -\frac{u_{o1}t}{(R+R_p)C} = -\frac{U_Z t}{(R+R_p)C}$$

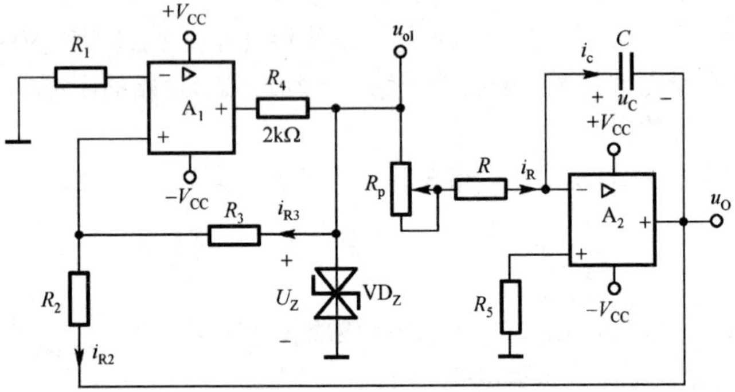

图 11.11.2　方波、三角波发生器原理电路

A_1 在输出电平跳转瞬间满足 $u_+ = u_- \approx 0$，$i_+ = i_- \approx 0$，所以：

$$i_{R2} = i_{R3} = \frac{U_Z}{R_3}。$$

当 $t = t_1$ 时（参见图 11.11.3 所示的输出波形），三角波有最大峰值：

$$U_{OM} = -i_{R2}R_2 = -\frac{R_2 U_Z}{R_3}$$

即 $U_{OM} = \frac{-U_Z}{(R_p+R)C}t_1 = -\frac{R_2 U_Z}{R_3}$，所以 $t_1 = \frac{CR_2(R+R_p)}{R_3}$

从波形图中可知方波三角波的周期：

$$T = 4t_1 = \frac{4CR_2(R+R_p)}{R_3}$$

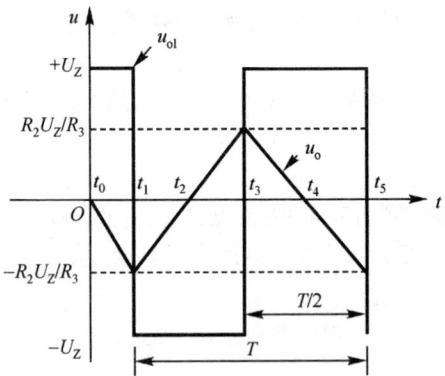

图 11.11.3　方波、三角波发生器输出波形

故两种波形的频率：

$$f = \frac{1}{T} = \frac{R_3}{4CR_2(R+R_p)}$$

输出方波电压幅度由稳压管的稳压值决定，三角波的幅值由稳压

值和电阻 R_2、R_3 共同决定，而振荡频率 f 与电阻 R_2、R_3、R 和电容 C 及电位器 R_p 均有关。

四、实验内容及步骤

1．正弦波发生器实验电路的调测

（1）设计一种用集成运放等器件组成的文氏电桥正弦波发生器实验电路。已知电源电压为 ±12V，要求振荡频率 f = 1591.5Hz。设计、计算、选择器件型号和参数，画出完整、正确的实验电路。

参考设计方法如下：

① 集成运放型号的确定：本实验要求工作电源电压为 ±12V，振荡频率要求不高，所以可选用通用型运放 μA741 或 LM358 等。

② 选频元件 R 和 C 的确定：根据实验原理和设计要求得知：

$$f = \frac{1}{2\pi RC} = 1591.5\text{Hz} \Rightarrow C = \frac{1}{2\pi Rf}$$

R 的阻值与运放的输入电阻 r_i 和输出电阻 r_o 应满足 $r_i \gg R \gg r_o$，然后再计算 C 的电容值。

③ 二极管型号确定：为提高电路的温度稳定性，VD_1、VD_2 应选用硅管，其特性参数应尽可能一致，以保证输出波正负半波对称。本实验电路对二极管的耐压和工作电流要求不高，可选用 4148 型或 1N4001 型二极管。

④ 负反馈网络电阻值的确定：为了减小偏置电流的影响，应尽量满足或接近 $R = R_f // R_3$。取 $R_3 \geqslant R$，考虑到振荡条件，则 $R_f = R_4 + R_p/2 + R_5 // R_D \approx R_4 + R_p/2 + R_5/2 \geqslant 2R_3$，先选定 R_p 和 R_5 的阻值，即可算出 R_4 的值，然后选取确定。R_5 越小对二极管非线性削弱越大，波形失真越小，但稳幅作用也同时被削弱，R_5 的取值应注意两者兼顾。

（2）正确组装所设计的正弦波发生器实验电路。

（3）调节 R_p 等使电路振荡输出失真最小的正弦波。

（4）测画其输出波形，标注正负幅值和周期 T，以及单位和坐标等。

（5）计算频率实测值及与理论值的误差，分析其产生误差的最主要原因（要求指明元器件名称及代号）。

2．方波和三角波发生器实验电路的调测

（1）设计一种用集成运放等器件组成的方波和三角波发生器实验电路。已知运放电源为 ±12V，要求振荡频率为 100～500Hz 可调，方波和三角波输出幅度分别为 ±6V、±3V，误差均为 ±10%。设计、计算、选择器件型号和参数，画出完整、正确的实验电路。

参考设计方法如下：

① 集成运放型号确定：本实验要求振荡频率不高，所以可选用通用型运放 LM358 或 μA741 等。

② 稳压管型号和限流电阻 R_4 的确定：根据设计要求，方波幅度为 ±6V，误差为 ±10%，所以可查手册选用满足稳压值为 ±6V，误差为 ±10%，稳压电流 ≥10mA，且温度稳定性好的稳压管型号如 2DW231 或 2DW7B 等：

$$R_4 \geqslant \frac{U_{OM} - U_{Zmin}}{I_{ZM}} = \frac{12\text{V} - 5.4\text{V}}{30\text{mA}} = 220\Omega，取 R_4 = 2\text{k}\Omega$$

③ 分压电阻 R_2，R_3 和平衡电阻 R_1 的确定：R_2，R_3 的作用是提供一个随输出方波电压而变化的基准电压，并决定三角波的幅值。一般根据三角波幅值来确定 R_2 和 R_3 的阻值。根据电路原理和设计要求可得：

$$U_{OM} = \frac{-U_Z R_2}{R_3} = \frac{\pm 6\text{V} \times R_2}{R_3} = \pm 3\text{V} \Rightarrow R_3 = 2R_2$$

先选取 R_2 电阻值（一般情况下 $R_2 \geqslant 5.1\text{k}\Omega$，取值太小会使波形失真严重），然后也就确定了 R_3 的阻值。平衡电阻 $R_1 = R_2 // R_3$。

④ 积分元件 R_p，R 和 C 以及平衡电阻 R_5 的确定：根据实验原理和设计要求，应有：

$$f_{\max} = 500\text{Hz} = \frac{R_3}{4CR_2 R}, \quad 即\ R = \frac{R_3}{4CR_2 f_{\max}}$$

选取 C 的值，并代入已确定的 R_2 和 R_3 的值，即可求出 R。为了减小积分漂移，C 应取大些，但太大则漏电流大，一般积分电容 C 不超过 $1\mu\text{F}$。

$$f_{\min} = 100\text{Hz} = \frac{R_3}{4CR_2(R+R_p)}, \quad 即\ R_p = \frac{R_3}{4CR_2 f_{\min}} - R$$，平衡电阻 R_5 可取 $10\text{k}\Omega$ 或者取 $R_5 = R$。

（2）正确组装所设计的方波和三角波发生器实验电路，使电路振荡输出方波和三角波，并调节 R_p 使波形周期为 5ms。

（3）测画出方波和三角波，画上坐标，并标注周期和各自的正负幅值。

（4）调节 R_p，测出 $T_{\max}$ 和 $T_{\min}$ 的值，并计算 $f_{\max} = \dfrac{1}{T_{\min}}$ 和 $f_{\min} = \dfrac{1}{T_{\max}}$ 的值，然后与理论值进行比较，分析产生误差的最主要原因（要求指明元器件的名称及代号）。

五、实验预习要求

1. 预习正弦波、方波和三角波发生器电路的工作原理。
2. 根据设计要求，完成正弦波、方波和三角波实验电路的设计。
3. 理解领会实验内容和任务。

六、思考题

1. 在如图 11.11.1 所示的电路中，若将 R_3 的阻值错用为正常值的 10 倍或 1/10，电路输出端将分别出现什么现象？
2. 在方波、三角波发生器实验中，要求保持原来所设计的频率不变，现需将三角波的输出幅值由原来的 3V 降为 2.5V，最简单的方法是什么？